Wolfgang Ritter

KURZ&BÜNDIG

VARROA
UNTER KONTROLLE

☑ *Schnell checken und lösen*

INHALT

Varroa-Virus-Infektion allgemein **5**
Krankheitsbild VV 6
Erreger VV 8
Fortpflanzung VV 9
Befallsentwicklung VV 10
Schädigung VV 12

Erkennen des Befalls **15**
Ganzjährige Beurteilungen des Befalls GB 16
Klinische Veränderungen und Symptome KV 17
Natürlicher Milbenabfall NM 20
Befall der Bienen VB 24
Befall der Drohnenbrut VD 29
Befall der Arbeiterinnenbrut VA 31

Bekämpfung mit biotechnischen Methoden **35**
Drohnenbrutentnahme DE 36
Bannwabenverfahren BW 38
Fangwaben im Zwischenableger FW 42
Vollständige Brutentnahme und Brutling VE 45
Bildung von Brutablegern BB 48
Bildung von Kunstschwärmen als Ableger BK 50
Vorwegnahme des Schwarms VS 52
Brutunterbrechung BU 54
Wärmebehandlung des gesamten Bienenvolks WV 56
Wärmebehandlung der Brutwaben WB 58

Anwendung von Arzneimitteln 61

Tierarzneimittel bei Honigbienen AA 62
Bestandsbuch führen AB 65
Ameisensäure 69
Ameisensäure dampfen AD 70
Formicpro 68,2 g imprägnierte Streifen® AD 78
Milchsäure 81
15 %ige Milchsäure ad us. Vet. sprühen MS 82
Thymol 85
Thymol verdampfen TV 86
Thymovar® TV 88
ApiLife Var® TV 90
Apiguard® TV 92
Oxalsäure 94
Oxalsäure ad us. vet. sprühen OS 95
Oxalsäure ad us. vet. träufeln OT 98
Oxalsäure ad us. vet. verdampfen (sublimieren) OV 102
Oxalsäure/Ameisensäure ad us. vet. träufeln OA 108
Synthetische Wirkstoffe 111
Streifen mit synthetischem Pyrethroid einhängen ES 112
Streifen mit Amitraz einhängen ES 115
Streifen mit synthetischem Pyrethroid vor Flugloch hängen FS 118

Besonderheiten bei der Bekämpfung 123

Integrierte Bekämpfung im Laufes des Jahres IB 124
Notbehandlung NB 128
Flächendeckende Bekämpfung FB 130
Behandeln nach Schadensschwelle BS 132

Übersichtstabellen

Übersicht Arzneimittel 134
Bekämpfung nach Jahreszeiten 136
Bekämpfung nach Zeitabschnitten in der Imkerei 138
Ergebnisse der Diagnose nach Jahreszeit innerer Umschlag

Service

Über den Autor 140
Zum Weiterlesen 141

Eine erfolgreiche Bekämpfung der Varroa-Virus-Infektion ist nur möglich, wenn man die biologischen Zusammenhänge und das Zusammenspiel zwischen Parasiten, Viren und Honigbiene kennt und versteht.

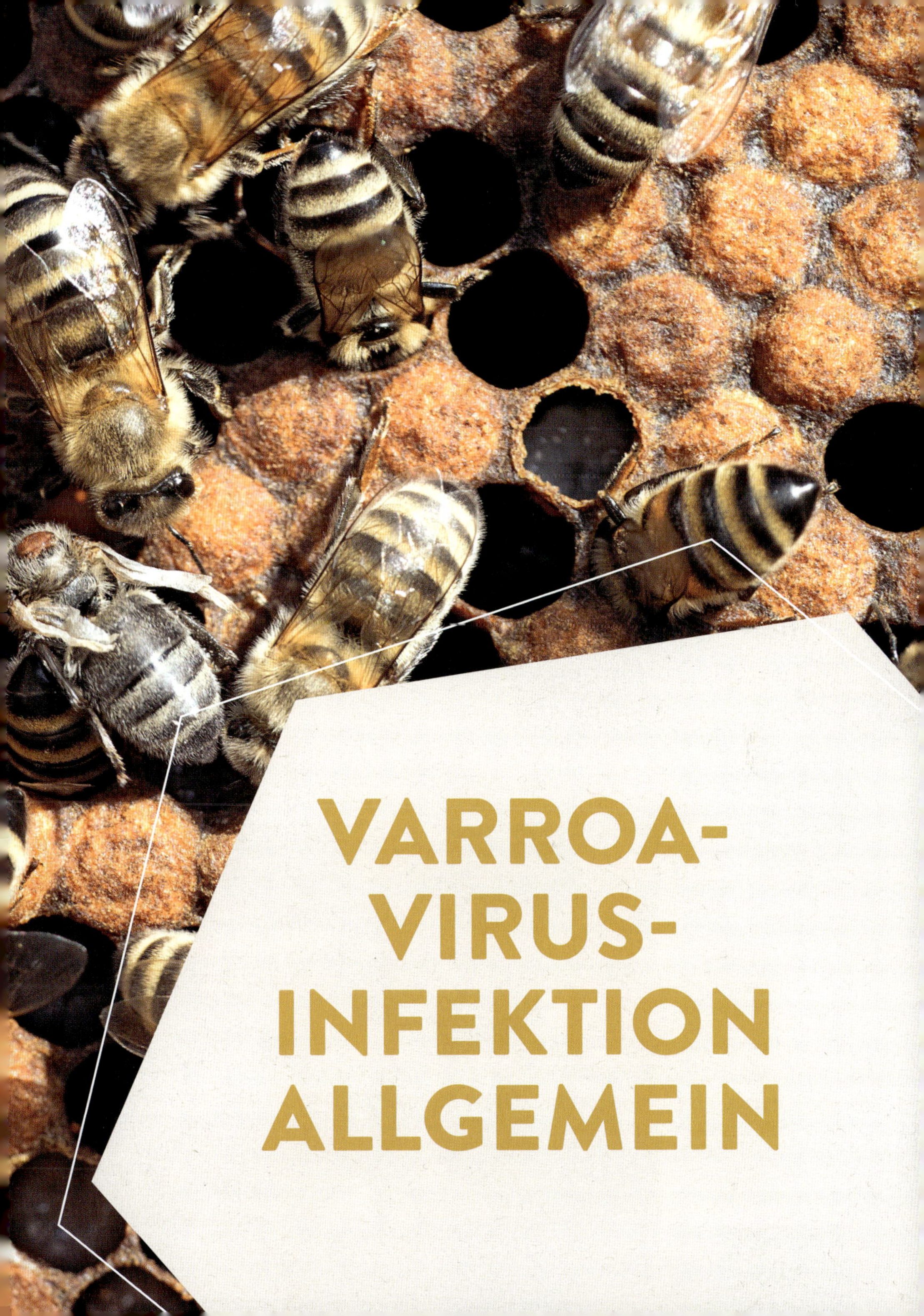

VARROA-VIRUS-INFEKTION ALLGEMEIN

KRANKHEITSBILD

Im Spätsommer bis Herbst:

- Bienen mit verkümmerten Flügeln und/oder verkürztem Hinterleib krabbeln vor dem Nesteingang.
- Die Bienen laufen von den herausgenommenen Waben sofort ab („wabenunstet“).
- Das Brutbild ist wie bei anderen Brutkrankheiten lückig.
- Einzelne Zelldeckel können eingesunken und durchlöchert sein. (Achtung: auch bei der anzeigepflichtigen Amerikanischen Faulbrut!).
- Abgestorbene Brut in geöffneten Zellen sind mit Varroamilben befallen.

Im Spätherbst und Winter:

- Beuten sind fast oder ganz bienenleer.
- Viel oder wenig meist gedeckelte Brut ist vorhanden.
- Die Waben enthalten meist viel gedeckeltes Winterfutter.
- Keine oder wenig tote Bienen liegen im oder vor dem Nest.

Krankheitsbild: Missgebildete Bienen weisen auf eine hohe Varroa-Virus-Infektion oder im Frühjahr auf eine mögliche Verkühlung hin.

Krankheitsbild: Die Ursache von lückiger Brut kann eine Brutkrankheit wie die Varroa-Virus-Infektion sein.

Krankheitsbild:
Zu bienenleeren Beuten mit viel Futter kann es bei einem Zusammenbruch wegen der Varroa-Virus-Infektion kommen.

ERREGER

Erreger: Varroamilben fallen mit der abgeflachten, querovalen Körperform und acht Beinen auf.

- Varroose wird durch die parasitäre Milbe *Varroa destructor* verursacht.
- Die querovale Varroamilbe hat einen Durchmesser von 1,3 bis 1,6 mm.
- Sie ernährt sich von einem Gemisch aus Fettzellen und Hämolymphe der Brut und der adulten Bienen.
- Die Milbe überträgt und aktiviert Viren wie das Deformierte-Flügel-Virus (DWV) und das Akute-Bienenparalyse-Virus (ABPV) (Varroa-Virus-Infektion).

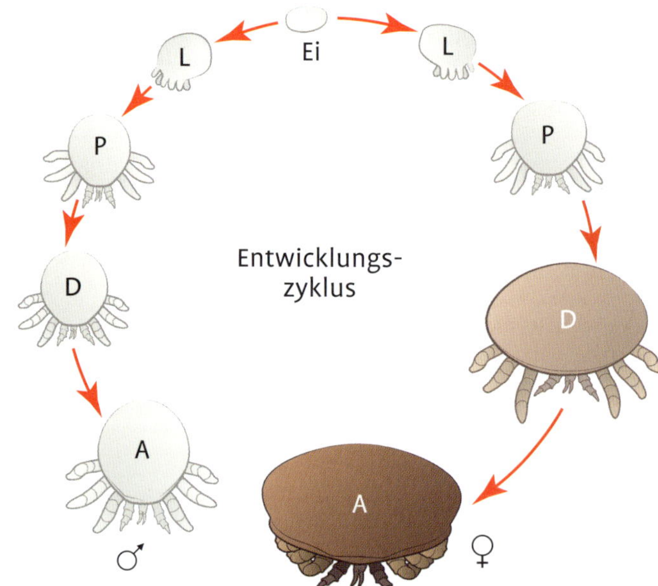

Der Entwicklungszyklus einer Varroamilbe verläuft von Ei und Larve über Proto- und Deutonymphe bis zur erwachsenen männlichen (links) oder weiblichen Milbe (rechts).

FORTPFLANZUNG

- Das Milbenweibchen dringt kurz vor dem Verdeckeln in die Brutzelle ein und beginnt 2,5 Tage später mit der Eiablage.
- Aus den Eiern entwickeln sich innerhalb von 6 bis 7 Tagen über verschiedene weiße Nymphenstadien adulte Weibchen und ein Männchen.
- Die befruchteten adulten Weibchen verlassen mit der schlüpfenden Biene die Brutzelle.
- Die Zahl der adult schlüpfenden Milbenweibchen hängt von der Dauer der Verdeckelung der Brutzelle ab:
  - Drohnenbrut bis zu 5 Milbenweibchen.
  - Arbeiterinnenbrut bis zu 3 Milbenweibchen.
  - Königinnenzellen (Weiselzellen) keine Adulten.

Fortpflanzung: In einer parasitierten Brutzelle findet man adulte Milbenweibchen, verschiedene Nymphenstadien und adulte Männchen.

Fortpflanzung: In Brutzellen mit Kotflecken befindet sich eine fortpflanzungsfähige Varroamilbe.

BEFALLSENTWICKLUNG

- Die Entwicklung der Milbenpopulation hängt von der Brutaufzucht der Bienenvölker ab.
- In früh brütenden Bienenvölkern entwickeln sich besonders viele Milben.
- Aus zusammenbrechenden Bienenvölkern gelangen sehr viele Milben mit Viren in Völker in der Umgebung.
- Die Bienendichte am Stand und in der Umgebung beeinflussen die Entwicklung des Befalls.
- An der Varroa-Virus-Infektion eingehende Völker führen oft zum Zusammenbruch der Völker in der Nachbarschaft („Dominoeffekt").
- Im Verlauf des Winters sterben zahlreiche Milben mit den nicht ins Nest zurückkehrenden Bienen ab.
- Im Jahresverlauf steigt die Milbenzahl mit der zunehmenden Aufzucht von Arbeiterinnenbrut zunächst langsam und dann mit der Drohnenbrut schnell an.
- Nach der Sonnenwende werden mit Bienenbrut und weiter zunehmender Milbenzahl immer mehr Brutzellen parasitiert.
- Der kritische Befall wird spätestens im Spätsommer und Frühherbst erreicht.
- Wenn das Volk mit viel Milben aus dem Vorjahr startet, wird die kritische Grenze schneller erreicht.

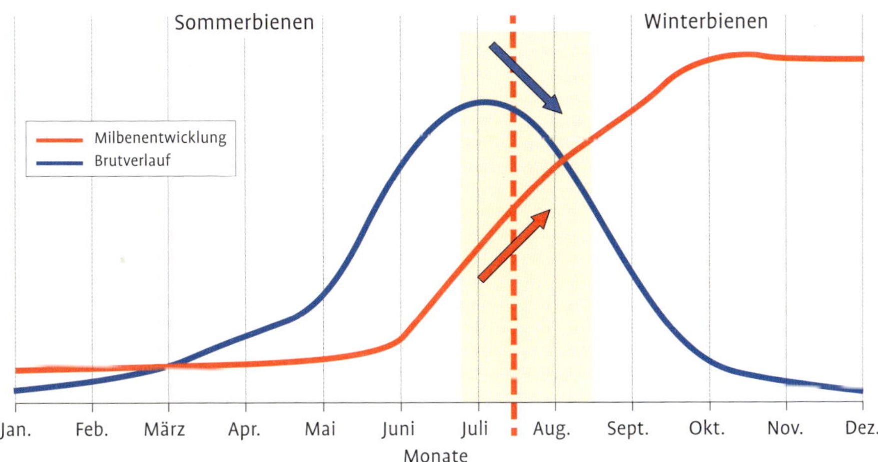

Befallsentwicklung: Die Aufzucht der Bienenbrut erreicht im Sommer ihren Höhepunkt (blaue Linie) und geht dann bis zum Winter zurück. Die Varroamilben nehmen im Frühsommer stark zu (rote Linie) und erreichen im Herbst ein Maximum. Mit zurückgehender Brut (blauer Pfeil) und zunehmender Milbenzahl (roter Pfeil) nimmt die Parasitierung und Schädigung der Brut zu. Damit im Spätsommer gesunde Winterbienen aufgezogen werden, muss im gelben Zeitfenster behandelt werden.

Befallsentwicklung: Bei großer Völkerzahl und Bienendichte am Stand werden Varroamilben und andere Krankheiten schnell übertragen.

SCHÄDIGUNG

- Erwachsene Bienen werden durch die Nahrungsaufnahme und Übertragung von bakteriellen Krankheitskeimen nur wenig geschädigt.
- Die eigentliche Schädigung erfolgt in der Brutzelle bei der Nahrungsaufnahme und den dabei übertragenen bzw. aktivierten Viren (Varroa-Virus-Infektion).
- Das Deformierte-Flügel-Virus (DWV) führt zu missgebildeten und kurzlebigen Bienen.
- Das Akute-Bienenparalyse-Virus (ABPV) kann zu kurzlebigen und geschädigten Bienen sowie zum Absterben der Brut führen.
- Die aus einer parasitierten Zelle schlüpfenden Bienen eignen sich wenig für die Brutpflege und werden schneller Sammelbienen.
- Stark parasitierte Völker bringen wegen der vielen Sammelbienen häufig eine besonders gute Honigernte.
- Wegen des verminderten Putztriebs der geschädigten Bienen kann es zum Ausbruch von Krankheiten wie Kalk- und Sackbrut kommen.
- Die gleichzeitige Infektion mit beiden Viren führt in der Regel zum Zusammenbruch der Bienenvölker.
- Die Übertragung von Virosen kann man nur reduzieren, wenn man den Milbenbefall kennt und frühzeitig die Milbenzahl senkt.

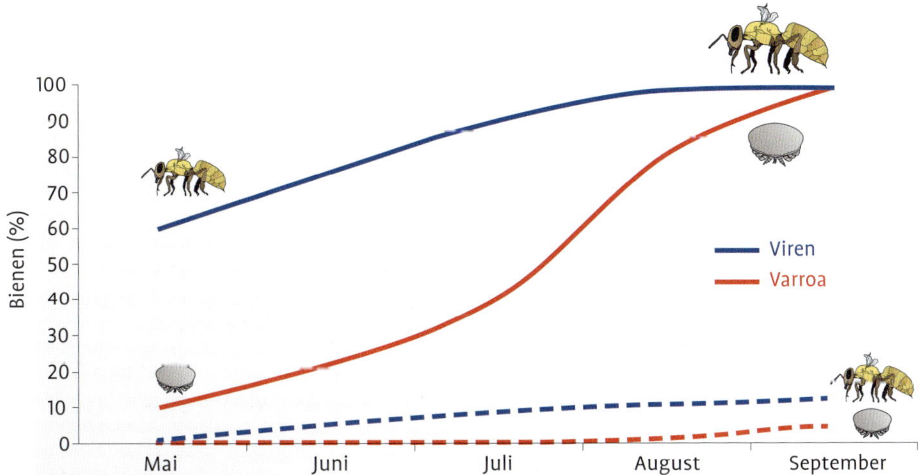

Schädigung: Die Varroa-Virus-Infektion nimmt im Verlauf des Jahres stetig zu. Nur wenn das ganze Jahr über der Milbenbefall niedrig gehalten wird, bleibt auch die Infektion mit Viren gering (gestr. Linie).

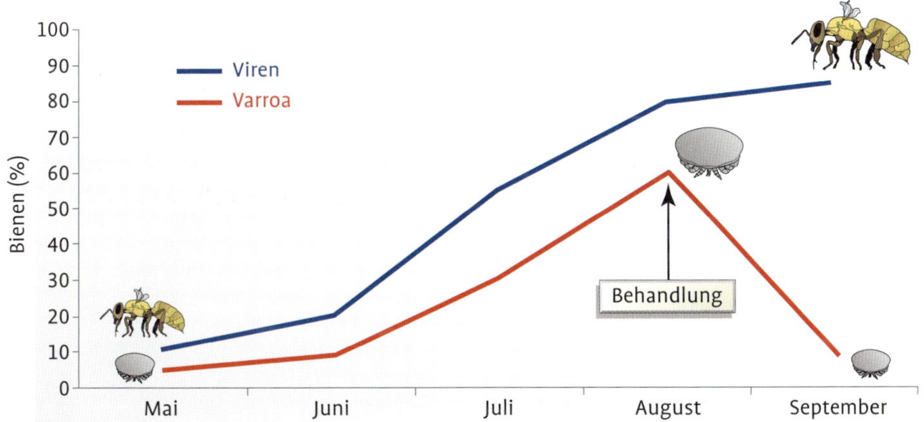

Schädigung: Bei zu später Behandlung werden zwar die Milben getötet, aber die Infektion mit Viren bleibt bestehen und das Volk stirbt.

Eine Schädigung der Bienenvölker kann nur verhindert werden, wenn man den kritischen Befall rechtzeitig erkennt und Bekämpfungsmaßnahmen einleitet. Zu den wichtigsten vorbeugenden Maßnahmen gehören daher die verschiedenen Möglichkeiten der Diagnose.

ERKENNEN DES BEFALLS

GANZJÄHRIGE BEURTEILUNG DES BEFALLS

Das gilt allgemein

- Die weltweit verbreite Varroamilbe kann nicht ausgerottet werden.
- Der Zeitpunkt und der Umfang der Bekämpfung hängen von der Höhe des Varroabefalls ab.
- Der Varroabefall schwankt in den einzelnen Jahreszeiten und auch von Jahr zu Jahr unterschiedlich stark.

So wird's gemacht

- Ohne Öffnen des Bienenvolks den Befall mit Hilfe des natürlichen Milbenabfalls auf mindestens drei Tage eingelegten Bodeneinlagen (sog. Windeln) bestimmen (NM).
- Für schnelle Entscheidungen über den Befall der Bienen z. B. mit der Puderzuckermethode arbeiten (VB).
- Drohnenbrut untersuchen, um den Befall am Anfang der Bienensaison zu ermitteln (VD).
- Eine akute Gefährdung des Bienenvolks anhand des Befalls der Arbeiterinnenbrut erkennen (VA).
- Für die Beurteilung immer den Gesamtzustand des Bienenvolks (Volkstärke, Brutaufzucht etc.) heranziehen.
- Für Entscheidungen zum weiteren Vorgehen in Abständen über das ganze Jahr den Varroabefall untersuchen.

Natürlicher Milbenabfall: Milben zählen.

Befall Arbeitsbienen: Puderzuckermethode.

Befall Drohnenbrut: Drohnenbrut entdeckeln.

Befall Arbeiterinnenbrut: Puppen untersuchen.

KLINISCHE VERÄNDERUNGEN UND SYMPTOME

Das gilt allgemein

Der Gesamtzustand des Bienenvolks entscheidet über den allgemeinen Gesundheitszustand. Allgemeine Zeichen für einen hohen Varroabefall:

Volkstärke

- Stark mit Varroamilben befallene Völker sind meist auch äußerlich geschwächt.
- Die stärksten und ertragreichsten Bienenvölker gehen häufig zuerst ein.

Lückige Brut

- Die Varroose wird – wie alle Brutkrankheiten – von den Bienen durch Ausräumen der mit Milben befallenen Brut bekämpft (Hygieneverhalten).
- In die ausgeräumten Zellen werden erneut Eier abgelegt, Futter eingetragen oder sie bleiben leer.

Äußere Veränderungen der Brut

- Infizierte Larven sind kurz vor oder nach dem Verdeckeln abgestorben.
- Larven liegen wie bei der Europäischen Faulbrut gedreht in der Brutzelle.
- Zelldeckel sind wie bei anderen Brutkrankheiten eingesunken und teilweise löchrig (Amerikanische Faulbrut möglich!)

Äußere Veränderungen der Bienen

- Varroamilben parasitieren auch auf Bienen und Drohnen außerhalb der Brutzellen.
- Bei einzelnen Arbeiterinnen und Drohnen sind wie bei verkühlter Brut die Flügel deformiert und/oder der Hinterleib verkürzt.

Futterverbrauch

- Völker verbrauchen viel Futter.
- Winterfutter wird schlecht abgenommen.
- Abgenommenes Winterfutter wird nicht eingelagert.

Verhaltensänderungen

- Bienen sind sehr unruhig und laufen von den Waben („wabenunstet“).
- Wächterdienst ist am Flugloch eingeschränkt und führt zu stiller Räuberei.
- Bienen verfliegen sich in Nachbarvölker oder auf Nachbarständen („Removal“).
- Bienenvolk verlässt das Nest trotz ausreichender Futtervorräte und Brutaufzucht („Absconding“).

So wird’s gemacht

- Schwache Völker am Flugbetrieb und bei der Durchschau erkennen.
- Auf missgebildete Drohnen und Arbeiterinnen achten.

- Die Brutfläche auf Zellen und Bereiche ohne Brut prüfen („lückiges Brutbild“).
- Die Zelldeckel auf Veränderungen wie Löcher und Form untersuchen.
- Brutzellen auf veränderte und befallene Brut inspizieren.
- Auffällige Verhaltensänderungen wie hoher Futterverbrauch, Unruhe und eingeschränkten Wächterdienst beobachten.
- Ursache von bienenleeren Beuten mit Futter und Brut erkunden.

Hoher Befall: Auf missgebildete Bienen (und Drohnen) achten.

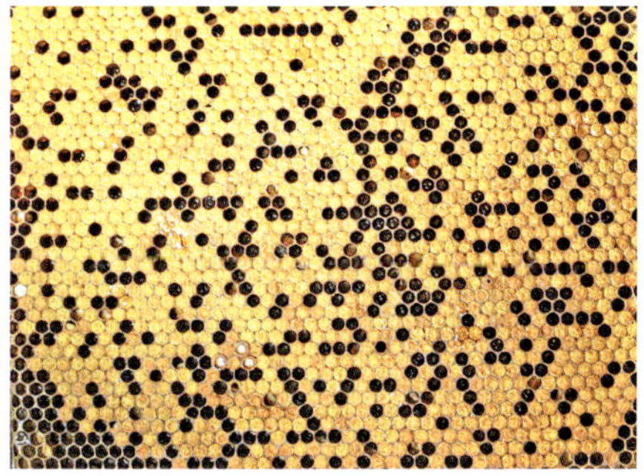

Hoher Befall: Brutfläche auf Lücken prüfen.

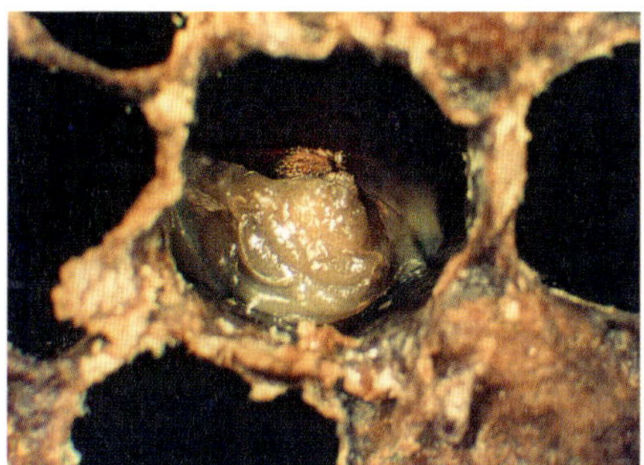

Hoher Befall: Auf verdrehte Brut in den Zellen untersuchen.

Hoher Befall: Ursache bei bienenleeren Beuten erkunden.

NATÜRLICHER MILBEN-ABFALL

Das gilt allgemein

- Das Gemüll unter dem Nest der Bienen besteht aus Wabenresten, toten Bienen und Varroamilben.
- Ein über dem Boden angebrachtes Gitter verhindert, dass die Bienen das Gemüll hinaustragen und die Diagnose verfälschen.
- Eine Fett- oder Ölschicht erschwert Ameisen, Ohrwürmern und anderen Insekten, die Varroamilben als Nahrung aufzunehmen.

So wird's gemacht

- Weiße glatte Bodenschieber verwenden oder auf einer Seite glatte weiße Einlage (z. B. aus Karton) passend zuschneiden.
- Die nach oben gerichtete Seite des Schiebers oder des Kartons mit einer Haftschicht aus Öl oder Fett versehen.
- Bodeneinlage für mindestens 3 Tage und nicht länger als eine Woche in der Bienenbeute belassen.
- Nach dem Zählen Milben und Gemüll mit einem Spachtel vom Bodenschieber entfernen.
- Die Bodeneinlage im Hausmüll entsorgen oder wie den Bodenschieber für weitere Diagnosen erneut mit Haftschicht versehen.

Milbenabfall: Ein Bodenschieber erleichtert die Untersuchung des Befalls mit Varroamilben.

Milbenabfall: Milben mit bloßem Auge im Gemüll erkennen.

Milbenabfall: Milben neben Wachsresten und Bienenteilen im Gemüll finden.

Einlage mit Fettschicht

- Bodenschieber oder Kartons mit Hilfe einer Zahnspachtel gleichmäßig mit Fett (Vaseline oder Melkfett) bestreichen.

Einlage aus Öl-Karton

- Bodenschieber oder den Karton gleichmäßig mit geruchlosem Speiseöl (z. B. Sonnenblumen- oder Rapsöl) besprühen.
- Wegen des Geruchs und der Gefahr von Kontaminationen kein technisches Öl verwenden!

Einlage aus Öl-Papier

- Eine Rolle Küchenpapier in einer Plastiktüte oder Wanne mindestens 15 Minuten in Speiseöl tränken.
- Für zwei Papierrollen werden ein Liter Öl benötigt.
- Je nach Größe des Bodenschiebers einzelne Blätter abtrennen und auf den Bodenschieber auflegen.
- Nach Gebrauch das Papier im Hausmüll entsorgen.

BEURTEILUNG DES NATÜRLICHEN MILBENABFALLS

Jahreszeit	Frühjahr		Hochsommer (Juli)		Winter (November/ Dezember)	
Beurteilung	Milben/ Tag	Maß-nahmen	Milben/ Tag	Maß-nahmen	Milben/ Tag	Maß-nahmen
Alarmstufe 🔴	über 3	(1) (2)	über 10	(1) (2)	über 0,5	(3)
stark befallen 🟡	über 3	(4) (5)	5 – 10	(5)	über 0,5	(3)
Keine akute Gefahr 🟢	unter 3	(6)	unter 5	(6)	unter 0,5	(7)

Maßnahmen entsprechend dem Befall durchführen *(siehe auch in Übersichtstabellen im inneren Umschlag).*
(1) Sofort mit einem Arzneimittel behandeln. (2) Vollständige Brutentnahme durchführen. (3) Eine Winterbehandlung bei Brutfreiheit durchführen. (4) Sehr bald mit biotechnischen Methoden eingreifen. (5) Sehr bald mit einem Arzneimittel behandeln. (6) Auf die Behandlung verzichten oder später behandeln. (7) Auf die Behandlung im Winter verzichten.

Milbenabfall: Fettschicht mit Zahnspachtel auftragen.

Milbenabfall: Bodeneinlage mit Öl einsprühen („Ölwindel“).

Milbenabfall: Papierrolle mit Öl tränken („Ölwindel“).

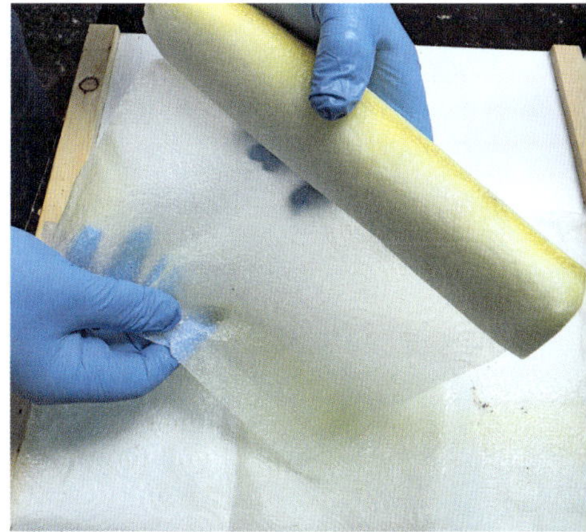

Milbenabfall: Ölgetränktes Papier auf Bodenschieber geben („Ölwindel“).

BEFALL DER BIENEN

Das gilt allgemein

- Varroa-Weibchen parasitieren auf Drohnen und Arbeiterinnen zwischen den Hinterleibsringen und verlassen diese nur zum Wechsel in eine Brutzelle und bei massiver Störung.
- Um den Befall der Bienen zu bestimmen, müssen die Bienen nur für exakte wissenschaftliche Versuche abgetötet werden.
- Für die imkerliche Praxis reicht die Genauigkeit der Puderzuckermethode, bei der die Bienen anschließend in das Volk zurückgegeben werden.

So wird's gemacht

Entnahme der Bienenprobe

- Bienen aus dem Bereich des Brutnestes entnehmen (Vorsicht Königin!).
- Sicherer: Die Bienen von brutloser Randwabe des Brutnests oder von zentraler Wabe im Honigraum über dem Brutnest entnehmen.
- Bei Langzeit-Untersuchung in zeitlichen Intervallen immer aus dem gleichen Bereich des Brutnests entnehmen.
- Bienen von der Wabe auf trockene Unterlage (z. B. Folie oder Beutendeckel) stoßen.
- Bienenprobe in ein Gefäß (z. B. Becher für Urinproben oder Untersuchungsbehälter) füllen.
- Zahl nach Füllstand oder Gewicht (jede Biene etwa 0,1 Gramm) für 50 Bienen bestimmen.
- Probenbecher schließen.
- Vollständig gefüllter Becher enthält etwa 500 Bienen (entspricht 50 g).

Bienenprobe: Wabe aus Bienenvolk entnehmen.

Bienenprobe: Mit kräftigem Ruck Bienen von Wabe stoßen.

Bienenprobe: Bienen in Probenbecher bis zum Rand füllen.

Puderzuckermethode.

Puderzuckermethode

- Bienenprobe aus dem Probenbecher in den Schüttelbecher umfüllen.
- Schüttelbecher schließen.
- Über das Gitter einen gehäuften Esslöffel (etwa 35 Gramm) Puderzucker einfüllen.
- Mit dem Gitter nach oben etwa drei Minuten lang schwenken.
- Mit dem Gitter nach unten eine Minute auf eine Unterlage oder besser in ein Feinsieb schütteln.
- Beim Feinsieb Puderzucker in einem untergestellten Gefäß auffangen, um ihn wieder zu verwenden.
- Milben im Feinsieb zählen oder – wenn nicht möglich – den Zucker auswaschen.
- Bienen ins Volk zurückgeben.
- Wenn die Bienen mit gefülltem Honigmagen erbrechen oder bei feuchtem Wetter verkleben, den Inhalt des Feinsiebs besser auf ein Tuch stoßen.

BEURTEILUNG DES BEFALLS DER BIENEN

Jahreszeit	Hochsommer (Juli)		Spätsommer (August)	
Beurteilung	Milben/ 500 Bienen	Maßnahmen	Milben/ 500 Bienen	Maßnahmen
Alarmstufe 🔴	über 25	(1) (2)	über 25	(1) (2)
stark befallen 🟡	5 – 25	(3) (4)	10 – 25	(4)
Keine akute Gefahr 🟢	unter 5	(5)	unter 10	(5)

Maßnahmen entsprechend dem Befall durchführen: *(siehe auch Tabelle Übersicht)*.
(1) Sofort mit einem Arzneimittel behandeln.
(2) Vollständige Brutentnahme durchführen.
(3) Sehr bald mit biotechnischen Methoden eingreifen.
(4) Sehr bald mit einem Arzneimittel behandeln.
(5) Auf die Behandlung verzichten oder später behandeln.

Puderzuckermethode: Bienenprobe von etwa 500 Bienen in Schüttelbecher umfüllen.

Puderzuckermethode: Puderzucker in Becher mit Bienen geben.

Puderzuckermethode: Milben aus Schüttelbecher absieben.

Puderzuckermethode: Milben in Feinsieb von Zucker befreien und zählen.

Puderzuckermethode: Bienen ins Volk zurückgeben.

Auswaschmethode

- Nur wenn bei wissenschaftlichen Untersuchungen exakte Daten benötigt werden.
- Bienen in den Becher bis zur Markierung füllen (entspricht etwa 300 Bienen).
- Bis zum Markierungsstreifen Scheibenreiniger füllen.
- Eine Minute lang schütteln.
- Milben auf durchsichtigem Boden des Bechers zählen.
- Nach Angaben des Herstellers (BioVet) ergibt die Milbenzahl durch drei geteilt den Befall des Volks in Prozent.
- Ab 20 % Befall (entspricht 60 Milben auf 300 Bienen) muss sofort behandelt werden.
- Die getöteten Bienen anschließend entsorgen.

Auswaschmethode: Bienen in Schüttelbecher bis Markierung füllen.

Auswaschmethode: Becher mit Scheibenwaschmittel füllen.

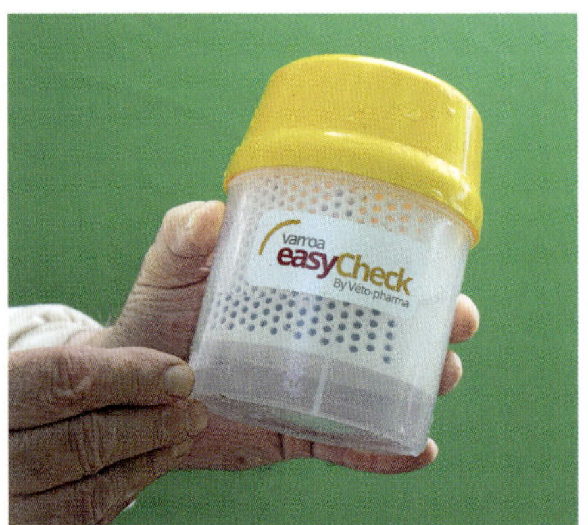

Auswaschmethode: Milben am Boden des Bechers zählen.

BEFALL DER DROHNENBRUT

Das gilt allgemein

- Varroamilben pflanzen sich bevorzugt in Drohnenbrut fort.
- Der Befall der Drohnenbrut zeigt den Erfolg der Winterbehandlung und den Anfangsbefall für die kommende Saison an.
- Geschädigte Drohnen sind weniger fit und ihr Sperma ist von geringerer Qualität.

So wird's gemacht

Entnahme der Drohnenbrutprobe

- Bei Baurahmen die Wabe mit Drohnenbrut nach dem Verdeckeln und vor dem Schlüpfen aus dem Volk entnehmen.
- Brut im Stadium mit weißen Puppen und pinkfarbenen Augen verwenden, da sie am besten untersucht und ausgewaschen werden kann.
- Wabe bei Naturwabenbau sollte möglichst viel Drohnenbrut enthalten.

Einzeluntersuchung

- **Einzelne Zelldeckel** von Drohnenbrut mit einer Pinzette entfernen und begutachten.
- **Bei kleinen Flächen** (z. B. auf Naturwabenbau) eine Entdeckelungsgabel zur Entnahme und Kontrolle verwenden.

Auswaschmethode

- **Großflächig** mit scharfem Küchenmesser oder gezahntem Messer (z. B. für Dämmstoffzuschnitt) Zelldeckel über den Köpfen der Brut abschneiden.
- Mit Handbrause oder Gartenschlauch die Brut in ein Doppelsieb spülen.
- Larven und Puppen im oberen Grobsieb abfangen.
- Milben und Kleinteile im Feinsieb darunter auffangen.
- Feinsieb auf heller Unterlage ausschlagen und Milben zählen.
- Bienenbrut als Tierfutter oder Ersatznahrung verwenden.
- Bei Baurahmen Waben und Deckel einschmelzen und das hochwertige Wachs z. B. für Mittelwände weiterverarbeiten.
- Bei Fangwaben ausgewaschene Waben erneut einhängen.

Einzeluntersuchung: Einzelne Drohnenzellen auf Befall untersuchen.

Einzeluntersuchung: Brut aus Bereichen herausziehen und untersuchen (Naturwabenbau).

Auswaschmethode: Brut mit Messer großflächig öffnen (Baurahmen).

Auswaschmethode: Brut aus Waben in Doppelsieb auswaschen (Baurahmen).

Auswaschmethode: Puppen werden im Grobsieb aufgefangen.

Auswaschmethode: Milben im Feinsieb auf helle Unterlage schlagen und zählen.

BEURTEILUNG DES BEFALLS DER DROHNENBRUT

Beurteilung	Zellen befallen
Alarmstufe 🔴	viele
stark befallen 🟡	wenige
Keine akute Gefahr 🟢	einzelne

BEFALL DER ARBEITERINNENBRUT

Das gilt allgemein

- Die aus mit Varroamilben befallenen Zellen schlüpfenden Bienen sind kurzlebiger und anfälliger für Krankheiten als die aus nicht parasitierten.
- Mit zunehmender Zahl der in der Zelle parasitierenden Milben steigt die Gefahr der Übertragung von Viren.
- Mit dem Befall der Arbeiterinnenbrut nimmt die Schädigung des Bienenvolks zu.
- Die Milben sind in der gesamten Arbeiterinnenbrut sehr ungleichmäßig verteilt.
- Auf Königin achten!

So wird's gemacht

Entnahme der Arbeiterinnenbrutprobe

- Brutwabe aus dem zentralen Bereich des Brutnestes entnehmen (Auf Königin achten!).
- Zum Abschätzen des Befalls der Arbeiterinnenbrut etwa 100 gedeckelte Zellen mit Brut aller Altersstufen untersuchen.
- Möglichst in verschiedenen Bereichen der Wabe und auf mehreren Waben Zellen untersuchen.
- Die Fortpflanzungsfähigkeit der Milben auf Brut mit weißen Puppen und pinkfarbenen Augen (17 Tage nach Ablage des Eies) prüfen.
- Weiße, auf einzelne Bereiche konzentrierte Kotpünktchen an den Zellwänden weisen auf die Eiablage der Milbe hin.
- Milben in Zellen ohne Kotflecken sind unfruchtbar.

Einzeluntersuchung

- **Einzelne Zellen** mit Bienenbrut unterschiedlichen Alters öffnen.
- Bienenbrut herausziehen.
- Zelle nach erwachsenen Milben und deren Nachkommen sowie Kotflecken absuchen (VV).

Wachsstreifenmethode

- **Arbeiterinnenbrut großflächig** öffnen.
- Zelldeckel flächig mit Kaltwachsstreifen entfernen (im Handel zur Entfernung von Körperhaaren erhältlich).
- Streifen auflegen und mit Fön vorsichtig erwärmen und ihn mit den Fingern gleichzeitig sanft andrücken.
- Nach dem Erkalten Wachsstreifen zusammen mit den Zelldeckeln ruckartig entfernen.
- Die komplett geöffnete Brutfläche auf herauslaufende Milben und Milbennachkommen beobachten.
- Einzelne Puppen aus der Zelle ziehen und deren Befall untersuchen.
- Zur Beurteilung des Hygieneverhaltens die Zelldeckel von innen betrachten:
  - Glänzende Oberfläche vom Kokon, Zelle zuvor ungeöffnet.
  - Stumpfe Fläche Zelle vom Wachs, Zelle von Bienen vorher geöffnet (Hygieneverhalten).
- Wabe zur erneuten Verdeckelung in das Bienenvolk zurückhängen.

BEURTEILUNG DES BEFALLS DER ARBEITERINNENBRUT

Jahreszeit	Frühjahr (Mai)	Hochsommer (Juli)	Spätsommer (August)
Beurteilung	Zellen befallen	Zellen befallen	Zellen befallen
Alarmstufe 🔴	einzelne	mehrere	mehrere
stark befallen 🟡	keine	einzelne	einzelne
Keine akute Gefahr 🟢	keine	keine	keine

Befallene Brutzelle: Anhand von Kotflecken fortpflanzungsfähige Milbenweibchen erkennen.

Einzeluntersuchung: Einzelne Zellen mit einer Pinzette öffnen und Brut entnehmen.

Wachstreifenmethode: Für großflächige Untersuchungen Kaltwachsstreifen auflegen.

Wachsstreifenmethode: Kaltwachsstreifen mit Fön erwärmen und leicht auf Zelldeckel drücken.

Wachsstreifenmethode: Kaltwachsstreifen abziehen.

Wachsstreifenmethode: Zur genaueren Inspektion der Zelle einzelne Puppen herausziehen.

Biotechnische Maßnahmen greifen unterschiedlich stark in die natürlichen Abläufe im Bienenvolk ein. Mit ihnen kann der Milbenbefall vor und während der Tracht niedrig gehalten und sogar späte Trachten genutzt werden. Welche Verfahren in Frage kommen, hängt auch von der Betriebsweise und dem Beutensystem ab.

BEKÄMPFUNG MIT BIOTECHNISCHEN METHODEN

DROHNENBRUTENTNAHME

Das gilt allgemein

- Varroamilben bevorzugen Drohnenbrut gegenüber Arbeiterinnenbrut zur Fortpflanzung.
- Mit der Drohnenbrut kann man viele Milben im Frühjahr entfernen und einen späteren Zusammenbruch verhindern.
- Bei Naturwabenbau wird auf einer Brutwabe meist Drohnen- neben Arbeiterinnenbrut aufgezogen.
- Bei der Verwendung von Mittelwänden wird der Baurahmen fast immer mit Drohnenbrut ausgebaut.
- Baurahmen und Naturwaben enthalten hochwertiges Wachs.
- Die ausgewaschene Brut kann als Nahrung für Mensch und Tier dienen.
- Weniger Drohnen stehen für die natürliche Begattung zur Verfügung, was meist unproblematisch ist.
- Schäden am Bienenvolk sind bei wiederholtem, vollständigem Eliminieren von Drohnenbrut möglich.
- Erste Drohnenbrut im Jahr ist für den Zusammenhalt des Bienenvolks wichtig.
- Ethisch vertretbar, da der ursprüngliche Wirt, *Apis cerana*, auch Drohnen durch Konservieren in der Brutzelle abtötet.

So wird's gemacht

- Baurahmen bei Mittelwänden:
  - Baurahmen im Vollfrühling (ab Kirschblüte) und Sommer während der Aufzucht von Drohnen verwenden.
  - Baurahmen in den Randbereich des Brutnestes, aber nicht als Randwabe einhängen.
  - Sobald die Brut gedeckelt ist, die Wabe entnehmen.
  - Zur Diagnose des Befalls oder zur weiteren Verwertung die Brut auswaschen (VD).
- Drohnenbrutwabe vernichten:
  - Brutwabe ausschneiden und einschmelzen.
- Drohnenbrutwabe zur weiteren Verwertung und Diagnose:
  - Brut im Wabenrahmen mit einem scharfen Messer (z. B. gezahntes Messer für Dämmstoffzuschnitt) entdeckeln.

  - Mit Handbrause oder Gartenschlauch Brut in ein Doppelsieb (z. B. Honigdoppelsieb) auswaschen.
  - Drohnenpuppen im oberen Grobsieb abfangen.
  - Varroamilben in Feinsieb auffangen.
  - Feinsieb auf helle Unterlage ausschlagen.
  - Varroamilben auf der Unterlage zählen (VD 🔍).
- Naturwabenbau:
  - Drohnenbrut mit einer Entdeckelungsgabel aus den Brutzellen ziehen (VD 🔍).
  - Entnommene Brut auf Milbenbefall visuell untersuchen.
- Entnahme von Drohnenbrut so oft wie möglich, aber nicht mehr als 4-mal im Jahr wiederholen.
- Drohnenwabe wegen Räuberei und Übertragung von Krankheiten nicht offen liegen lassen.
- Wachs und Drohnenpuppen wie zuvor beschrieben weiterverarbeiten.

Drohnenbrut: Brutwabe aus Bienenvolk entnehmen.

Drohnenbrut: Bei Naturwabenbau Wabe mit Drohnenbrut auswählen.

BANNWABENVERFAHREN

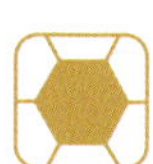
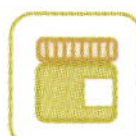

Das gilt allgemein

- Begrenzung der Brutaufzucht auf zunächst wenige und am Ende auf eine Wabe.
- Varroamilben werden mit den entnommenen gedeckelten Brutwaben vernichtet.
- Wegen der Schwächung der Völker sollte das Bannwabenverfahren im Sommer nach Haupttracht angewandt werden.
- Das Verfahren muss vor Aufzucht der Winterbienen im Spätsommer (meist im August) abgeschlossen sein.
- Bei starkem Befall: Stark befallene Bannwaben werden besser vernichtet.

So wird's gemacht

Vorbereitung

- Wabentasche bereitstellen.
- Königin suchen und käfigen.
- Königin nicht gefunden:
  - Königinabsperrgitter auf unteren Raum mit wenigen abgefegten Brutwaben legen.
  - Leerzarge aufsetzen.
  - Bienen in Leerzarge fegen oder abklopfen.
  - Bienen wechseln in Brutraum und Königin bleibt auf dem Absperrgitter zurück: Königin käfigen und Absperrgitter entfernen.
  - Abgefegte bzw. abgeklopfte Waben zurückgeben.

Ablauf

- Genaues Protokoll des Ablaufs mit Datum führen.
- Bannwaben beschriften oder mit farbigen Reißzwecken markieren.

1. Tag:

- Königin in eine Wabentasche mit einer leeren Wabe oder einer Wabe mit auslaufender Brut, der ersten Bannwabe, sperren.
- Wabentasche im Volk an den Rand des Brutnests hängen.

8. Tag:

- Erste Bannwabe mit offener Brut aus Wabentasche entnehmen.
- Rähmchen von erster Bannwabe markieren und in die Mitte des Brutnestes hängen.
- Königin in Wabentasche mit leerer Wabe oder einer Wabe mit auslaufender Brut, der zweiten Bannwabe, sperren.
- Wabentasche im Volk an den Rand des Brutnests hängen.

15. Tag

- Zweite Bannwabe mit offener Brut aus Wabentasche entnehmen.
- Rähmchen der zweiten Bannwabe markieren und in die Mitte des Brutnestes hängen.
- Erste Bannwabe mit gedeckelter Brut aus Volk entnehmen und einschmelzen.
- Königin in eine Wabentasche mit leerer Wabe oder einer Wabe mit auslaufender Brut, der dritten Bannwabe, sperren.
- Wabentasche im Volk an den Rand des Brutnests hängen.

22. Tag

- Dritte Bannwabe mit offener Brut aus Wabentasche entnehmen.
- Rähmchen mit dritter Bannwabe markieren und in die Mitte des Brutnestes hängen.
- Zweite Bannwabe mit gedeckelter Brut aus Volk entnehmen und einschmelzen.
- Königin freigeben.

29. Tag

- Dritte Bannwabe mit gedeckelter Brut aus Volk entnehmen und einschmelzen.

Bannwabenverfahren

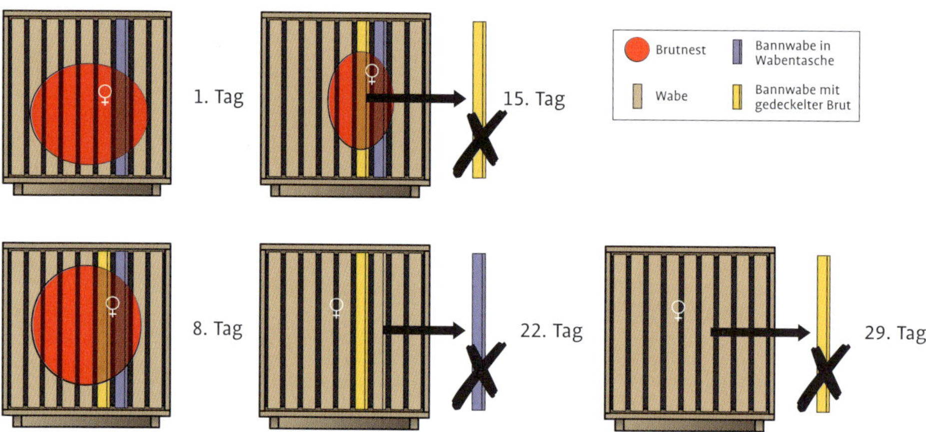

Bannwaben: Die erste Bannwabe am 1. Tag in Wabentasche mit Königin in das Brutnest hängen und am 15. Tag entnehmen. Am 8. Tag zweite Bannwabe in Wabentasche und erste Bannwabe in Brutnest hängen. Am 22. Tag zweite Bannwabe entfernen und am 29. Tag Königin freigeben.

Bannwaben: Königin in Wabentasche geben.

Bannwaben: Wabe mit offener Brut aus Wabentasche entnehmen, markieren und ins Brutnest geben.

Bannwaben: Markierte Wabe mit gedeckelter Brut vor dem Schlupf der Bienen entnehmen.

FANGWABEN IM ZWISCHEN-ABLEGER

Das gilt allgemein

- Im Zwischenableger kann das Fangwabenverfahren mit einer Schwarmverhinderung kombiniert werden.
- Im Volk nahe an der Schwarmstimmung werden die Flugbienen ohne Brutwaben von den Stockbienen mit Königin und Brutwaben durch einen Zwischenboden räumlich getrennt.
- Bei einem Zwischenboden mit Fliegengitter behalten beide Teile denselben Stockgeruch bei.
- Bei einheitlichem Stockgeruch fühlen sich die Bienen zu einem Volk gehörig und lassen sich später einfacher wieder vereinigen.
- Im oberen Teil gibt die aus einer Nachschaffungszelle geschlüpfte Königin den Bienen Zusammenhalt.
- Die Varroamilben werden mit der Brut auf einer Fangwabe entfernt.
- Nach der Wiedervereinigung sind die Völker ausreichend stark und können für eine Spättracht genutzt werden.

So wird's gemacht

Vorbereitung

- Leerzargen und Zwischenboden bereitstellen.
- Königin suchen und käfigen.
- Königin nicht gefunden:
  - Königinabsperrgitter auf unteren Raum mit wenigen abgefegten Brutwaben legen.
  - Leerzarge aufsetzen.
  - Bienen in Leerzarge fegen oder abklopfen.
  - Bienen wechseln in Brutraum und Königin bleibt auf dem Absperrgitter zurück: Königin käfigen und Absperrgitter entfernen.
  - Abgefegte bzw. abgeklopfte Waben zurückgeben.

Ablauf

- Genaues Protokoll des Ablaufs mit Datum führen.

0. Tag

- Königin käfigen (siehe oben).
- Volk teilen.
- Unteren Teil mit Leer- und Futterwaben am alten Standplatz auf altes Bodenbrett stellen, damit die Flugbienen dorthin zurückfliegen.
- Zwischenboden (eventuell mit Fliegengitter) mit Flugloch nach hinten auflegen.
- Obere Zarge mit sämtlichen Brutwaben und Futterwaben aufsetzen.

9. Tag

- Im oberen Teil die Nachschaffungszellen bis auf eine entfernen.
- Diese Nachschaffungszelle in einen Käfig im oberen Teil geben.
- Die später geschlüpfte Königin gibt den Bienen Zusammenhalt, ohne selbst Eier abzulegen.

21. Tag

- Im oberen Teil ist sämtliche Brut geschlüpft.
- Aus dem unteren Teil zwei Waben mit offener Brut entnehmen.
- Beide Waben als Fangwaben in den oberen Teil geben.

29. Tag

- Im oberen Teil Fangwaben nach dem Verdeckeln und vor dem Schlupf entnehmen.
- Fangwaben vernichten oder einschmelzen.
- Den unteren mit dem oberen Teil vereinigen.
- Bei Zwischenboden ohne Fliegengitter ein Zeitungspapier auf untere Zarge legen, mit einer Entdeckelungsgabel einige kleine Löcher schaffen und obere Zarge auf Zeitung aufsetzen.
- Bei einem mit einem Fliegengitter versehenen Zwischenboden obere Zarge direkt aufsetzen.

Fangwaben: Volk mit Schwarmstimmung auswählen. (X. Tag).
Mit Zwischenboden in Teil mit und ohne Brut trennen (0. Tag). Am 9. Tag Nachschaffungszellen bis auf eine ausbrechen. Am 21. Tag Fangwaben nach oben hängen. Am 29. Tag gedeckelte Fangwaben entnehmen und Teile vereinigen.

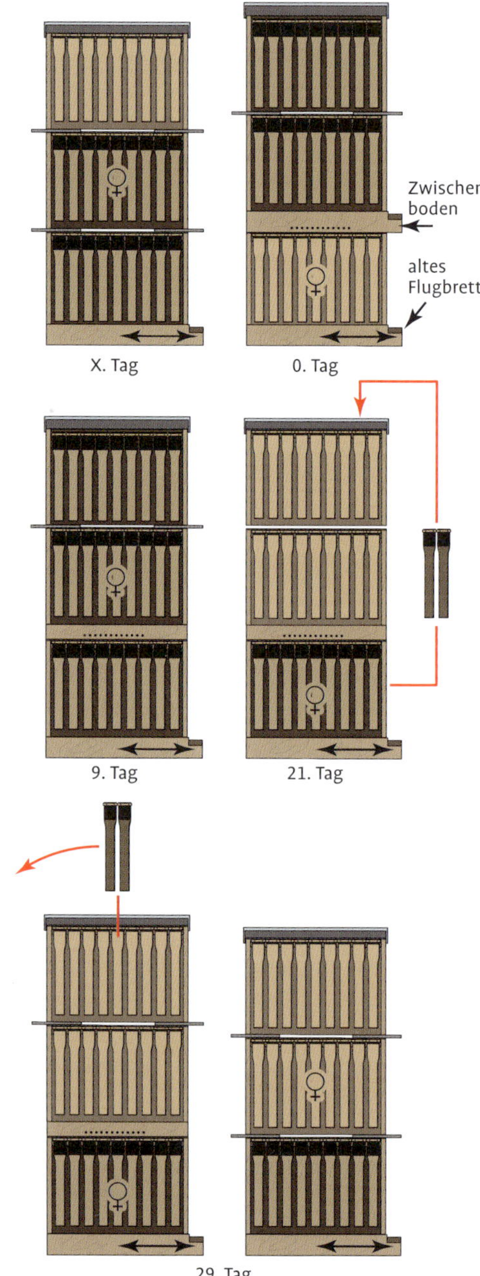

VOLLSTÄNDIGE BRUTENTNAHME UND BRUTLING

Das gilt allgemein

- Die vollständige Brutentnahme ist fester Bestandteil vieler Betriebsweisen.
- Bei starkem Befall mit bereits geschädigten Bienen ist sie einer Behandlung mit Arzneimitteln vorzuziehen.
- Bei einzelnen stark befallenen Völkern (sog. „Varroaschleudern“) ist sie erfolgreicher und bringt weniger Unruhe auf dem Stand.
- Bei geringem und starkem Befall (Ampel gelb) kann man die Brutwaben verwerten und einen Brutling bilden.
- Bei sehr hohem Befall (Ampel rot) schlüpfen überwiegend geschwächte und kurzlebige Bienen und die Brutwaben werden besser eingeschmolzen (vollständige Brutentnahme).
- Um die Brut von den Flugbienen zu trennen, wird aus dem Bienenvolk ein Brutling und Flugling gebildet.
- Je nach Jahreszeit können aus dem Flugling und den aus den Brutwaben geschlüpften Bienen zwei gesunde Völker auf neuen Waben aufgebaut werden.
- Die Bienenvölker bauen sich je nach Jahreszeit auf neuen Waben schnell wieder auf.
- Die Brut kann 10 bis 14 Tage vor oder während Ernte der Frühtracht entnommen werden, da die Bienen kurzfristig weniger Brut pflegen und mehr Nektar sammeln können.
- Das Verfahren sollte nicht während und nach der Aufzucht der Winterbienen im Spätsommer (meist im August) angewandt werden.
- In trachtlosen Zeiten benötigt der Brutling eventuell zusätzlich Futter für die Brutpflege und der Flugling zum Wabenbau.

So wird's gemacht

- Alte Beute bleibt als Flugling auf dem alten Standplatz.
- Königin suchen und eventuell in einem Käfig oder auf einer Wabe sichern und in den Flugling geben.
- Am sichersten: Königin in einem Ausfresskäfig mit Futterteig zum Flugling geben.
- Flugbienen fliegen in die mit Mittelwänden, leeren Waben und Futterwaben und der Königin versehene Beute zurück.
- Fangwabe mit offener Brut in das brutfreie Volk geben und nach dem Verdeckeln vernichten.
- Alternativ die Bienen mit einem Arzneimittel besprühen (OS, MS).
- Brutwaben je nach Befall weiter verwerten oder entsorgen.
- Bei hohem Befall Brutwaben einschmelzen.
- Bei niedrigem Befall Brutwaben im Brutling schlüpfen lassen.
- Der Brutling erhält sämtliche Brutwaben mit aufsitzenden Bienen.

Vollständige Brutentnahme und Brutling: Brutwaben aus Bienenvolk entnehmen.

Vollständige Brutentnahme: Bienen von Brutwaben abkehren oder abklopfen.

- Brutling oder Sammelbrutableger entweder auf einem anderen Stand oder am selben Stand in mindestens fünf Metern Entfernung oder direkt neben dem Flugling aufstellen.
- Im Brutling geschlüpfte Bienen mit einem Arzneimittel im Kunstschwarm besprühen (OS, MS) oder eine Fangwabe mit offener Brut verwenden.
- Bei Bedarf Bienenvölker füttern.
- Eventuell Flugling und Bienen aus Brutling nochmals im Spätsommer mit einem Arzneimittel behandeln.

Vollständige Brutentnahme: Bautätigkeit im Bienenvolk beobachten.

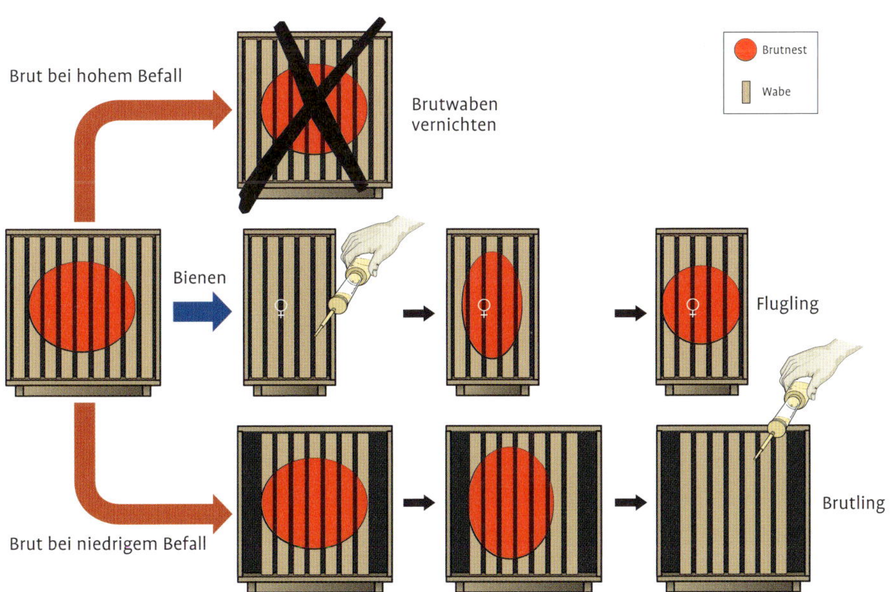

Brutling und vollständige Brutentnahme: Bei stark befallener Brut alle Brutwaben vernichten (vollständige Brutentnahme: oben) oder bei schwach befallener Brut Bienen nach dem Schlüpfen behandeln (Brutling bilden: unten).

BILDUNG VON BRUT-ABLEGERN

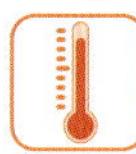

Das gilt allgemein

- Im Sommer halten sich die Varroamilben bevorzugt in der Brut auf.
- Mit der Entnahme von Brutwaben werden auch Milben aus dem Stammvolk entfernt.
- Bei hohem Befall der Brut schlüpfen überwiegend geschädigte Bienen und der Ableger hat selbst nach einer Behandlung mit einem Arzneimittel kaum Überlebenschancen.
- Ein Brutableger mit einer selbst nachgezogenen Königin ist nach 22 Tagen brutfrei und kann mit einem Arzneimittel behandelt werden.
- Im Frühjahr kann man mit der Bildung von Brutablegern den Varroabefall sowohl im Stammvolk und als auch im Ableger senken.

So wird's gemacht

- Königin suchen und eventuell in einem Käfig oder auf einer Wabe sichern, damit sie nicht aus Versehen mit abgekehrt bzw. entnommen wird.
- Den Brutableger aus ein bis zwei Brutwaben und etwa einem Kilogramm Bienen bilden.
- Neue Königin bzw. Weiselzelle zugeben oder alle Nachschaffungszellen bis auf eine ausbrechen.
- Nach 22 Tagen den brutlosen Ableger mit einem Arzneimittel mit den Wirkstoffen Oxalsäure oder Milchsäure besprühen.
- Die aus der Nachschaffungszelle geschlüpfte Königin eventuell gegen eine andere austauschen (umweiseln).
- Den Ableger nicht zur Tracht im selben Jahr nutzen.

Brutableger: Brutwabe mit Bienen in Ablegerkasten geben.

Brutableger: Bienen auf leerer Wabe mit einem Arzneimittel besprühen.

Brutableger: Ableger mit ein bis zwei Brutwaben, einer Futterwabe und leeren Waben füllen.

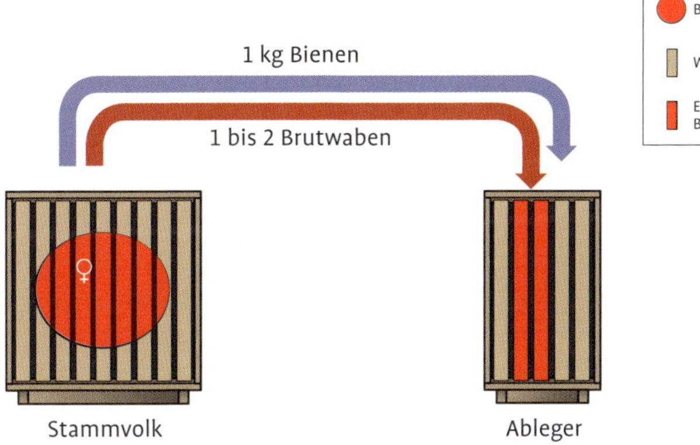

Brutableger: Den Ableger aus ein bis zwei Brutwaben und einem Kilogramm Bienen bilden.

BILDUNG VON KUNST-SCHWÄRMEN ALS ABLEGER

Das gilt allgemein

- Im Sommer halten sich die Varroamilben bevorzugt in der Brut auf.
- Der Milbenbefall im Stammvolk kann durch die Entnahme von Bienen nicht verändert werden.
- Die Kunstschwärme starten in der Regel mit gesunden Bienen und können bei Bedarf sofort mit einem Arzneimittel behandelt werden (OS, MS).
- Der aus einem Kunstschwarm gebildete Ableger hat gute Chancen, sich zu einem gesunden Jungvolk zu entwickeln.
- Das Kunstschwarmverfahren eignet sich vor allem in Frühtrachtgebieten, da das Stammvolk geschwächt wird.

So wird's gemacht

- Königin suchen und eventuell in einem Käfig oder auf einer Wabe sichern, damit sie nicht aus Versehen mit abgekehrt wird.
- Ablegerkasten mit Baurahmen bei Naturwabenbau, sonst mit Mittelwänden oder Waben füllen.
- Ein bis zwei Kilogramm Bienen von Honig- und Brutwaben des Stammvolks abkehren.
- Ableger mindestens drei Kilometer entfernt aufstellen.
- Bleibt der Ableger am gleichen Standort, mehr Bienen abkehren, da viele Flugbienen in das Stammvolk zurückkehren.
- Ableger auf Waben oder als Kunstschwarm mit einem Arzneimittel besprühen (OS, MS).
- Alternativ kann eine Brutwabe mit junger Brut als Fangwabe zugegeben und nach dem Verdeckeln entnommen werden.
- Außerhalb der Tracht die Bautätigkeit durch Futtergaben anregen.

Kunstschwarm: Bienen in eine Schwarmbox abklopfen.

Kunstschwarm: Bienen in einen Ablegerkasten umfüllen.

Kunstschwarm: Bautätigkeit des Kunstschwarms überprüfen.

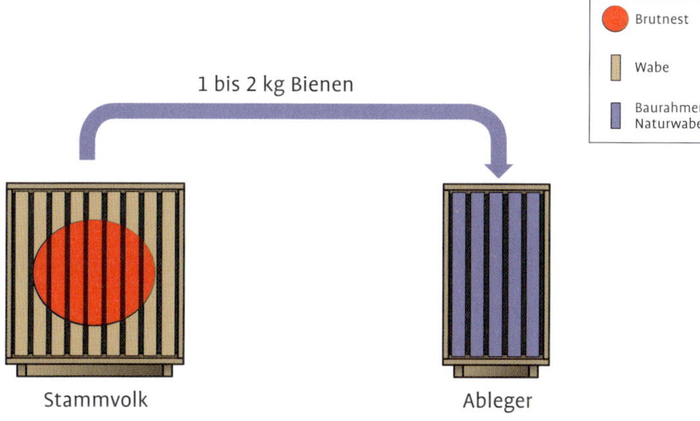

Kunstschwarm: Aus ein bis zwei Kilogramm Bienen einen Kunstschwarm bilden.

VORWEGNAHME DES SCHWARMS

Das gilt allgemein

- Den Schwarm kann man kurz vor oder mit einsetzender Schwarmstimmung vorwegnehmen.
- Mit der Vorwegnahme des Schwarms wird im Stammvolk der Verlust eines Teils der Bienen verhindert und gleichzeitig der Varroabefall gesenkt.
- Wie beim natürlichen Schwarm wird die Aufzucht der Bienenbrut und der Varroamilben unterbrochen:
  - Im Stammvolk muss eine neue Königin aufgezogen und begattet werden.
  - Im simulierten Schwarm müssen vor der erneuten Eiablage erst Waben gebaut und erste Vorräte angelegt werden.

So wird's gemacht

- Ein bis zwei Kilogramm Bienen und die Königin dem Stammvolk entnehmen.
- Eventuell vorhandene Schwarmzellen bis auf eine ausbrechen oder eine schlupfbereite Weiselzelle zugeben.
- In den Ablegerkasten mit Baurahmen Bienen und Königin aus dem Stammvolk geben.
- Ablegerkasten mindestens drei Kilometer entfernt aufstellen.
- Ablegerkasten zur späteren Wiedervereinigung direkt neben Stammvolk aufstellen.
- Da viele Bienen in das Stammvolk zurückfliegen, mehr Bienen in den Ableger geben oder Ableger an den alten Standplatz geben und das Stammvolk danebenstellen.
- Bei Bedarf Stammvolk und Ableger im brutlosen Zustand mit einem Arzneimittel besprühen (OS, MS).

Schwarmvorwegnahme: Auf Schwarmstimmung im Bienenvolk achten.

Schwarmvorwegnahme: Bienen von Waben in Ablegerkasten abkehren.

Schwarmvorwegnahme: Ablegerkasten neben das Stammvolk stellen.

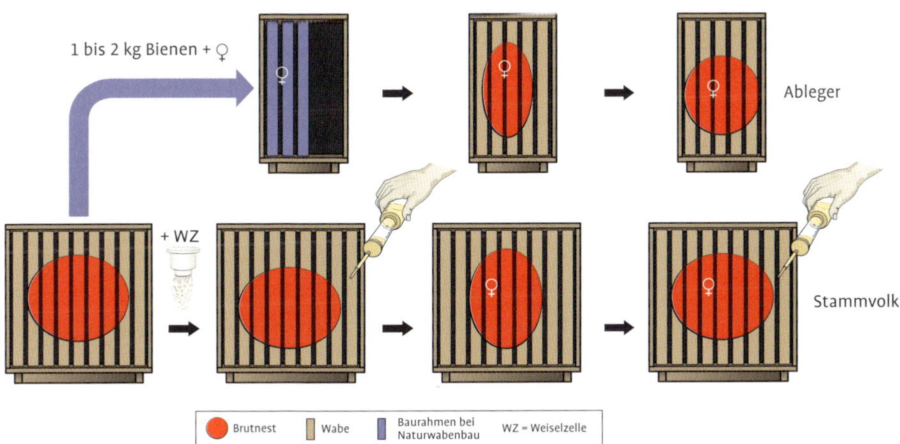

Schwarmvorwegnahme: In den Ableger mit Baurahmen ein bis zwei Kilogramm Bienen mit der Königin geben und dem Stammvolk eine Schwarmzelle belassen oder eine Weiselzelle zugeben.

BRUTUNTERBRECHUNG

Das gilt allgemein

- Für die Unterbrechung der Brutaufzucht wird die Königin in einen Käfig gesperrt:
  - Verschiedene Käfigtypen sind im Handel erhältlich.
  - Normale Käfige zum Transport der Königin sind ungeeignet, da sich das Volk schnell weisellos fühlt.
  - In geräumigen Durchlaufkäfigen besteht eine größere Chance, dass die Königin als vollwertig angesehen wird.
- Die Unterbrechung der Brutaufzucht hat verschiedene Vorteile für das Volk:
  - Wenn man die Königin während der Tracht sperrt, kann der Honigertrag durch weniger Ammen- und mehr Sammelbienen erhöht werden.
  - Mit unterbrochener Fortpflanzungsmöglichkeit sinkt der Milbenbefall.
  - Mit einem Wabenstück im Käfig können mit der entnommenen Brut zusätzlich Milben abgefangen werden.
  - Das brutfreie Volk kann mit einem Arzneimittel besprüht werden (OS, MS).
  - Wegen der Schwächung der Völker sollte man die Königin während der Tracht oder zwei bis drei Wochen vor Trachtende sperren.
  - Das Verfahren muss vor Aufzucht der Winterbienen im Spätsommer (meist August) abgeschlossen sein.

So wird's gemacht

- Geeigneten Käfig in einer zentralen Wabe befestigen.
- Königin fangen und in den Käfig sperren.
- Im Abstand von acht Tagen auf Nachschaffungszellen prüfen.
- Nachschaffungszellen ausbrechen.
- Eventuell gedeckeltes Brutwabenstück aus Käfig entfernen.
- Zur Reduktion des Varroabefalls die Königin nur wenige Tage sperren.

- Um brutfreien Zustand für die Behandlung mit einem Arzneimittel mit dem Wirkstoff Oxal- oder Milchsäure zu erreichen, Königin für drei Wochen sperren (OS, MS).
- Danach Königin direkt oder mit einem Futterteig-Pfropf vor dem geöffneten Käfig im Volk freigeben.

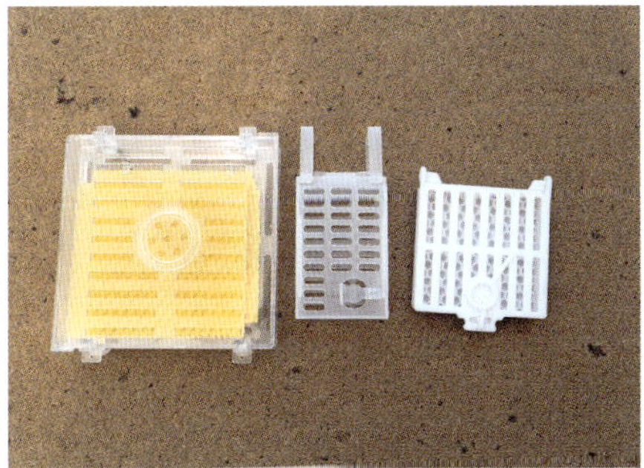

Brutunterbrechung: Einen geeigneten Durchlaufkäfig unter den angebotenen auswählen.

Brutunterbrechung: Die Königin kann sich im Durchlaufkäfig frei bewegen.

Brutunterbrechung: Käfig in die Wabe einschneiden und befestigen.

WÄRMEBEHANDLUNG DES GESAMTEN BIENENVOLKS

Varroamilben sind wärmeempfindlicher als Honigbienen. Mit Wärme kann man daher Milben in der Bienenbrut und auf den Bienen abtöten. Der dazu notwendige apparative und energetische Aufwand ist aber beachtlich.

Das gilt allgemein

- Bei Temperaturen über etwa 45 °C können sich die Varroamilben nicht mehr auf den Bienen halten.
- Für die Behandlung mit Wärme muss die Temperatur überall im Bienenvolk möglichst gleichmäßig sein:
  - Bei Überhitzung schmilzt das Wachs in Bereichen über 60 °C.
  - Bei zu niedrigen Temperaturen ist die Wirkung auf Varroamilben nicht ausreichend.
- Eine gute Wärmeverteilung gelingt am besten mit Umluftsystemen.
- Dazu kann die Wärme von oben gleichmäßig in die Wabengassen geleitet und unten durch das Flugloch wieder nach oben geführt werden.
- Als Nebenwirkung kommt es zu Unruhe und Stress, wenn die Bienen vergeblich versuchen, dem Wärmestrom gegenzusteuern.

So wird's gemacht

- Der Ablauf variiert je nach Gerätetyp:
  - Umluftgerät mit Wärmeerzeuger und Ventilator ein- oder aufsetzen.
  - Die je nach Gerät und Angaben des Herstellers erwärmte Luft durch die Bienenbeute leiten.
  - Luft zum Beispiel über das Flugloch mit Schlauch nach oben zurückführen.
  - Nach der angegebenen Zeit das Gerät entfernen.
  - Milben unten am Boden in einer Schale oder auf Bodeneinlage auffangen.
  - Abgefallene und nur teilweise getötete Milben baldmöglichst entfernen.

Wärmebehandlung Bienenvolk: Am besten das Gerät direkt auf den Brutraum stellen.

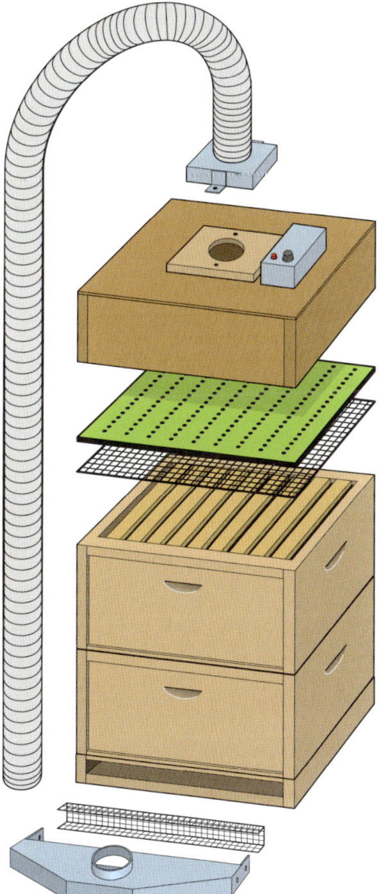

Wärmebehandlung Bienenvolk: Die oben erwärmte Luft über ein Lochgitter gleichmäßig durch alle Wabengassen nach unten und über das Flugloch wieder nach oben führen (Funktionsprinzip).

WÄRMEBEHANDLUNG DER BRUTWABEN

Das gilt allgemein

- Varroamilben sind wärmeempfindlicher als Bienenbrut.
- Bei Temperaturen über 39 °C werden die Milben geschädigt und gehen ab etwa 42 °C ein.
- Schäden an der Bienenbrut sind bei Larven und Puppen kurz vor oder nach der Häutung möglich.

So wird's gemacht

- Der Ablauf variiert je nach Gerätetyp (Angaben der Hersteller beachten):
  - Brutwaben dem Bienenvolk entnehmen.
  - Bienen zurück in die Bienenbeute abklopfen oder fegen.
  - Auf die Königin achten, eventuell vorher sichern oder käfigen.
  - Brutwaben in vorgewärmten Brutschrank oder Wärmekasten geben.
  - Je nach Verfahren die Waben in der Regel für etwa zwei Stunden auf die vom Hersteller angegebene Temperatur (meist bis 45 °C) erwärmen.
  - Brutwaben sofort in das Bienenvolk zurückgeben.

Wärmebehandlung Brut: Gedeckelte Brutwabe aus Volk entnehmen.

Wärmebehandlung Brut: In einer Wärmekiste wie hier beim Varroa-Controller können bis zu 18 Brutwaben gleichzeitig behandelt werden.

Wie bei allen Nutz- und Heimtieren werden auch bei Honigbienen Tierarzneimittel für die Behandlung von Krankheiten eingesetzt. Zurzeit beschränkt sich dies fast ausschließlich auf die Bekämpfung der Varroa-Virus-Infektion.

ANWENDUNG VON ARZNEIMITTELN

TIERARZNEIMITTEL BEI HONIGBIENEN

Bienenvölker produzieren mit Honig ein Lebensmittel und unterliegen daher besonders strengen Bestimmungen bei der Anwendung von Arzneimitteln. Dies gilt unabhängig davon, ob von ihnen tatsächlich Honig geerntet wird oder nicht.

Das gilt allgemein

Verwendung von Arzneimitteln

- In der Europäischen Union und der Schweiz müssen alle chemischen Behandlungsmittel zur Bekämpfung von Krankheiten und Parasiten bei Honigbienenvölkern entweder für einzelne Länder oder die gesamte EU als Tierarzneimittel zugelassen werden.
- In Deutschland bestand bis zum Februar 2022 mit der Standardzulassung eine Ausnahmeregelung.
- Arzneimittel mit Standardzulassung (Ameisensäure ad us. vet., Milchsäure ad us. vet., Oxalsäure ad us. vet. und Thymol ad us. vet.) dürfen in Deutschland in einer Übergangsfrist bis 2027 weiterverkauft und angewendet werden.
- Ab dem Stichtag 28.1.27 sind nur noch zugelassene Fertigarzneimittel erlaubt.
- In anderen Ländern wie Österreich und der Schweiz sind wie bisher nur Fertigarzneimittel zugelassen.
- Auch wenn für die nächste Ernte eine Wartezeit von „0“ angegeben wird, sind die im Beipackzettel angegebenen Einschränkungen wie „nicht vor der Tracht“ oder „keine Honigernte im selben Jahr“ maßgebend.

Bezug von Arzneimitteln

- Frei verkäufliche Arzneimittel können über die Apotheken, den Fachhandel (Imkereibedarf etc.) oder die Hersteller erworben werden.
- Apothekenpflichtige Arzneimittel dürfen nur über Apotheken oder die tierärztliche Praxis, verschreibungspflichtige zudem nur mit Rezept bezogen werden.

Bestandsbuch

- Alle Halter von Bienenvölkern müssen ein Bestandsbuch führen.
- Dort müssen alle Anwendungen von Arzneimitteln aufgeführt werden (AB).

Zulassung in anderen EU-Ländern

- Die nicht im Land des Standortes der Bienenvölker, aber in anderen EU-Ländern zugelassenen Arzneimittel dürfen nur bei Therapienotstand und nur auf Rezept einer Tierärztin bzw. eines Tierarztes bezogen und angewandt werden.

Rückstände in Arzneimitteln

- Auftretende Rückstände sind nur dann unbedenklich, wenn sie unter den in der EU-Verordnung 37/2010 (jeweils neueste Fassung) angegebenen Werten liegen. Dies setzt voraus, dass die Arzneimittel in der vorgeschriebenen Art und Dosierung angewandt wurden.
- Bei organischen Säuren und ätherischen Ölen ist besonders zu beachten, dass die Honige laut Honigverordnung nach der Behandlung keinen Fremdgeschmack oder Geruch aufweisen dürfen.

Nebenwirkungen von Arzneimitteln

- Jedes Arzneimittel hat Nebenwirkungen in Form von akuten sichtbaren bis zu subletalen schleichenden Schäden.
- Falsche Anwendungen wie Überdosierungen und zu oft wiederholte Behandlungen schwächen die Widerstandskraft der Bienenvölker gegen Krankheiten.
- Arzneimittel mit synthetischen Wirkstoffen können sehr schnell zu Resistenzen führen und ganz oder teilweise wirkungslos werden.
- Arzneimittel mit synthetischen Wirkstoffen sollte man daher am besten jedes Jahr wechseln.
- In einer Bio-Imkerei dürfen laut EU-Öko-Verordnung nur bestimmte Arzneimittel und auf jeden Fall keine mit synthetischen Wirkstoffen verwendet werden.

So wird's gemacht

- Am Bienenvolk nur die im jeweiligen Land zugelassenen Tierarzneimittel anwenden.
- Die Angaben in der Packungsbeilage eines jeden Arzneimittels befolgen.
- Die Arzneimittel nur in der vorgeschriebenen Art und Dosierung verabreichen.
- Bei der Wahl des Arzneimittels auch auf mögliche Nebenwirkungen achten.
- Jede Anwendung von Tierarzneimitteln in das Bestandsbuch eintragen (AB).
- Bestandsbuch und begleitende Unterlagen wie Lieferscheine und Rechnungen fünf Jahre lang für eine mögliche amtliche Kontrolle aufbewahren.
- Nicht verbrauchte Arzneimittel nicht über Kanalisation oder Abwasser entsorgen, sondern über Schadstoffsammlung oder über Hausmüll beseitigen.
- Nationale und regionale Vorschriften für die Entsorgung von Tierarzneimitteln beachten.

Arzneimittel: Packungsbeilage beachten.

Arzneimittel: Bestandsbuch bei jeder Anwendung von Arzneimitteln ausfüllen.

BESTANDSBUCH FÜHREN

Das gilt allgemein

Gesetzliche Vorgaben

- Jede Tierhalterin oder jeder Tierhalter muss ein Bestandsbuch führen.
- Dies kann in Form einer Loseblattsammlung, eines Buchs oder in elektronischer Form sein.
- Alle zugelassenen Arzneimittel, egal ob frei verkäuflich, apotheken- oder rezeptpflichtig, müssen in das Bestandsbuch eingetragen werden.
- Das Bestandsbuch sowie alle Belege müssen 5 Jahre aufgehoben werden (EU-Verordnung 2019/6 Artikel 108, TAMG § 32).

Wartezeit

- Unter Wartezeit versteht man die Zeit, die nach der letzten Anwendung eines Arzneimittels vergehen muss, bevor tierische Erzeugnisse wie Honig als Lebensmittel gewonnen oder in den Verkehr gebracht werden dürfen.
- Bei den meisten in Bienenvölkern eingesetzten Arzneimitteln ist im Beipackzettel die Wartezeit mit 0 angegeben, d. h. es muss nicht gewartet werden.
- Dies ist aber nur deshalb möglich, da gleichzeitig der Zeitraum der Anwendung vorgeschrieben bzw. bestimmte Zeiträume wie „nicht vor der Tracht“, „Anwenden nach der letzten Honigernte“ usw. ausgeschlossen werden.

So wird’s gemacht

1. Name und Anschrift von Halter*in der Bienenvölker:

- Namen der Halterin oder des Halters angeben, aber nicht des Eigentümers bzw. der Eigentümerin.

2. Standort der Tiere:

- Genauen jederzeit nachvollziehbaren Standort der behandelten Bienenvölker zum Zeitpunkt der Behandlung bzw. in der Wartezeit eintragen.
- Wenn keine feste Adresse mit Straße und Hausnummer besteht, eine Gemarkung oder zusätzlich die GPS-Daten anführen.

3. Betriebsnummer:

- Die bei der Meldung der Bienenhaltung von der zuständigen Behörde vergebene Betriebsnummer angeben, damit sie bei einer Kontrolle vorlegt werden kann.

4. Datum der ersten Anwendung:

- Das Datum der ersten Verabreichung des Arzneimittels, zum Beispiel das des Beträufelns mit Oxalsäure, eintragen.

5. Volksbezeichnung (Anzahl, Art und Identität der Tiere):

- Die einzelnen Völker müssen am besten mit Nummern eindeutig zugeordnet werden können.

6. Arzneimittelbezeichnung:

- Namen des Arzneimittels, d. h. die vom Hersteller gewählte Bezeichnung „Ameisensäure 60 % ad us. vet.", „Formivar 60 ad us. vet." usw. eintragen.

7. Hersteller oder Lieferant des Arzneimittels:

- Name und die ständige Anschrift der Firma oder des Lieferanten nennen.

8. Verabreichte Menge des Arzneimittels:

- Tatsächlich pro Volk und Behandlung verabreichte Menge z. B. Milliliter Ameisensäure eintragen.

9. Behandlungsdauer:

- Bleibt das Behandlungsmittel länger in der Beute (z. B. Ameisensäure-Applikator, Thymol-Streifen), die Behandlungsdauer angeben (z. B. vom Einstellen bis zur Herausnahme)

10. Wartezeit in Tagen:

- Für die meisten Bienenarzneimittel entsprechend dem Beipackzettel als Wartezeit „Null" angeben.
- Auf jeden Fall unbedingt den im Beipackzettel vorgeschriebenen Zeitraum der Anwendung wie „nicht vor der Tracht", „Anwenden nach der letzten Honigernte" usw. einhalten.

11. Beleg:

- Die Belege für den Erwerb des angewandten Arzneimittels (wie z. B. Rechnungen des Lieferanten oder der Apotheke, Abgabebeleg der Tierseuchenkasse oder Landratsamts) fünf Jahre aufheben und bei der Kontrolle vorlegen.

12. Verschreibungspflichtige Arzneimittel:

- Bei verschreibungspflichtigen Arzneimitteln den Namen der Tierärztin bzw. des Tierarztes sowie deren Kontaktdaten (Adresse, Telefonnummer) angeben.
- Das Rezept unbedingt aufheben.

13. Name der anwendenden Person:

- Den Namen der Person angeben, die das Arzneimittel tatsächlich angewendet hat.

Blatt Nr.: 5 (für jeden Standort ein gesondertes Blatt)

Bestandsbuch

über die Anwendung von Arzneimitteln
bei Bienenvölkern

Bienenhalter*in (1)
Vorname und Name: Heinz Schneider
Straße Hausnr.: Marktplatz 1
PLZ und Ort: 0314 Brutweg
Bienenstand (2): Breitengrad: 33.33022, Längengrad: 08.440990
Betriebsnummer (3): 05 122 444 321

Datum der Anwendung	Volk-bezeichnung	Name Arzneimittel	Name und Anschrift des Herstellers /Lieferanten	Verabreichte Menge	Behandlungs-dauer	Warte-zeit	Beleg	Verschreibung durch:	Name der behandelnden Person
(4)	(5)	(6)	(7)	(8)	(9)	(10)	(11)	(12)	(13)
15.06.23	Nr. 1-20	Ameisensäure 60% ad us. vet.	Imkerbedarf Müller, Hauptstr. 2, 0815 Honigtau	240 ml	10 Tage	0	Rechnung 2023/02	entfällt	Ursula Maier
14.08.23	Nr. 1-5	Apiguard	Vita Europe Ltd. S+B medVet GmbH	2 Schalen	14 Tage	0	Rechnung 2023/03	entfällt	Ursula Maier
18.08.23	Nr. 6-20	VarroMed	BeeVital	30 ml	1 Tag	0	Rechnung 2023/04	entfällt	Ursula Maier
21.08.23	Nr. 1-5	Apiguard	Vita Europe Ltd. S+B medVet GmbH	2 Schalen	14 Tage	0	Rechnung 2023/05	entfällt	Ursula Maier
23.11.23	Nr. 1-20	Oxuvar 5,7%	Andermatt BioVet	45 ml	1 Tag	0	Rechnung 2023/07	entfällt	Ursula Maier
23.11.23	9 Ableger	Oxalsäuredihydrat 3,5% ad us. vet.	Serumwerk Bernburg	20 ml	1 Tag	0	Rechnung 2023/06	entfällt	Ursula Maier

Blatt Nr.: ______

(für jeden Standort ein gesondertes Blatt)

Bestandsbuch

über die Anwendung von Arzneimitteln bei Bienenvölkern

Bienenhalter*in (1)

Vorname und Name: ______

Straße Hausnr. ______

PLZ und Ort: ______

Bienenstand (2): ______

Betriebsnummer (3): ______

Datum der Anwendung	Volkbe-zeichnung	Name Arzneimittel	Name und Anschrift des Herstellers/ Lieferanten	Verab-reichte Menge	Behandlungs-dauer	Wartezeit	Beleg	Verschreibung durch:	Name der behandelnden Person
(4)	(5)	(6)	(7)	(8)	(9)	(10)	(11)	(12)	(13)

AMEISENSÄURE

Rückstände:

- Ameisensäure kommt natürlich im Honig vor (maximaler Wert in Kastanienhonig).
- Für Ameisensäure ist kein maximaler Rückstandswert festgelegt (EU 37/2010).

Wirkungsweise:

- Hemmt die Atmung und verätzt die Milben.
- Bei hohem Dampfdruck werden teilweise auch Milben unter dem Deckel der Brutzellen geschädigt.

AMEISENSÄURE DAMPFEN

Das gilt allgemein

Wirksubstanz: Ameisensäure.

Handelsnamen und Hersteller (Land mit Zulassung):

- Ameisensäure Bernburg 60, Serumwerke Bernburg (D).
- Formivar 60® ad us. vet., Andermatt BioVet (A, CH, D).
- Varroacid 60®, WDT (A, CH, D).
- Formivar 70®, Andermatt BioVet (CH).
- Amo-Varroxal®, Resch (A).
- Formivar 85®, Andermatt BioVet (A, CH).

Vertrieb: Apotheke, Hersteller, Imkereibedarfshandel.

Applikatoren: Schwammtuch, FAM-Verdunster, Nassenheider-Verdunster, Liebig-Dispenser und ähnliche Träger im Handel.

Dosierung:

- Je nach Applikator und Konzentration der Ameisensäure nach Angaben des Herstellers dosieren.

Außentemperatur:

- Behandlung ist je nach Applikator zwischen 10 und 30 °C möglich.
- Bei ungünstiger Witterung (Hitze, Kälte oder Regen) muss die Behandlung unterbrochen werden.
- Vor der Behandlung sollten die Wetterprognosen (www.varroawetter.de) beachtet werden.

Anwendersicherheit:

- Wirkt in höheren Konzentrationen gesundheitsschädlich, Gefahr von Verätzungen und Verbrennungen.
- Säurefeste Handschuhe und Schutzbrille tragen.
- Schutzkleidung ist beim Abfüllen ratsam.
- Wasser zum Abwaschen von Säurespritzern auf Haut und Kleidung sollte in Reichweite bereitstehen.

Nebenwirkungen:

- Schädigung von junger Brut (Larven) ist in der Nähe des Applikators möglich.
- Brut und Bienen werden bei Temperaturen über 30 °C geschädigt.

- Nach der Anwendung ist die Widerstandskraft der Bienenvölker wegen Abtötung von Antagonisten vermindert.

Wartezeit:

- 0 Tage, wenn nach der Tracht oder im Sommer keine Ernte im selben Jahr erfolgt.

Besonderheiten:

- Eignet sich zur Entmilbung von Völkern mit gedeckelter Brut.
- Nicht in Völkern in der Wintertraube anwenden.
- Wiederverschlossene Flaschen müssen noch im selben Jahr verbraucht werden, da die Ameisensäure Wasser anzieht.
- 85 %ige Ameisensäure kann als Amo-Varroxal® in Deutschland bei Therapienotstand verschrieben werden.

Ameisensäure: Eimer mit Wasser bereitstellen, säurefeste Handschuhe und Schutzbrille für die eigene Sicherheit tragen.

Die Anwendungsvorschriften der Hersteller der verschiedenen Arzneimittel und Applikatoren beachten!

Amo-Varroxal 60®

Formivar 85®

Formivar 70®

Formivar 60®

Ameisensäure 60 Bernburg®

Ameisensäure 60 % ad us. vet.

So wird's gemacht

Schwammtuch (ST) und FAM-Dispenser (FAM)

Vorbereitung:

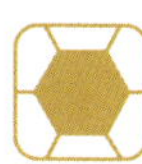

- Auf mindestens 2 cm Futterkranz über der Brut achten.
- Auf Vorhandensein von unverdeckeltem Futter prüfen.
- Bei Bedarf vor der Behandlung 5 kg Futter geben.
- Rahmen, Leerzarge oder Futtertrog für mindestens 5 cm zusätzlichen Raum über den Oberträgern vorbereiten.
- Offenen Boden schließen und mit Bodeneinlage (z. B. Ölwindel) versehen.
- Flugloch maximal öffnen.
- Schwammtuch auswaschen und auswringen.
- Restfeuchtes Schwammtuch verwenden.
- Säurefeste Handschuhe und Schutzbrille anziehen.
- Eimer mit Wasser zum Abwaschen von Säurespritzern bereitstellen.
- FAM: Applikator waagrecht stellen und Schwammtuch einlegen.
- FAM: Je nach Jahreszeit 130 ml Ameisensäure (CH: Formivar 70®) auf Schwammtuch gießen .
- FAM: Dispenser schließen und Drehscheibe auf Position Null.
- ST: Bis 40 ml Ameisensäure Bernburg 60® pro 60 Liter Beute (z. B. ein Raum Zander) auf Schwammtuch mit Unterlage geben.

Die Anwendungsvorschrift des Herstellers beachten!

Ablauf:

- Deckel von Beute abnehmen.
- FAM: Abstandshölzer (2 cm) auf Oberträger legen.
- FAM: Drehscheibe entsprechend Tabelle einstellen (siehe Tabelle).
- FAM: Dispenser mit Öffnungen nach unten auf Hölzer legen.
- ST: Schwammtuch mit Unterlage auf Oberträger legen.
- Bei Temperaturen über 30 °C Behandlung abbrechen.
- Nach 7 Tagen Dispenser/Schwammtuch entfernen.
- Behandlung bei Bedarf wiederholen.
- Gebrauchte Schwammtücher auswaschen.

FAM-Dispenser

Schwammtuch

DOSIERÜBERSICHT FAM-DISPENSER VERDUNSTER

Beutentyp	Volumen	Behandlung 7 Tage			Behandlung 14 Tage		
		15–20 °C	20–25 °C	25–30 °C	10–15 °C	15–20 °C	20–30 °C
Zweiraum/Dadant	< 50 l	4	3	2 (4)			
Einraum/Hinter	40 l	3	2	1 (3)	5	4	3
Ableger/Topbar	< 40 l	2	1 (2)		4	3	2
(Angaben des Herstellers beachten). In Klammer: Ab 3. Tag höhere Dosis einstellen. Bei Temperaturen über 30 °C Behandlung abbrechen.							

FAM-Dispenser: Vorgeschriebene Menge an Ameisensäure auf Schwammtuch gießen.

FAM-Dispenser: Dosierung auf Drehscheibe einstellen.

FAM-Dispenser: Zwischen Oberträger und Dispenser Abstand halten.

Schwammtuch: Zum Regulieren der Verdunstung Schwammtuch in Plastiktüte auf Oberträger geben.

So wird's gemacht

Nassenheider-Professional

Vorbereitung:

- Auf mindestens 2 cm Futterkranz über der Brut achten.
- Auf Vorhandensein von unverdeckeltem Futter prüfen.
- Bei Bedarf vor der Behandlung 5 kg Futter geben.
- Rahmen, Leerzarge oder Futtertrog für zusätzlichen Raum bereitstellen.
- Offenen Boden schließen und mit Bodeneinlage (z. B. Ölwindel) versehen.
- Flugloch maximal öffnen.
- Eimer mit Wasser zum Abwaschen von Säurespritzern bereitstellen. Säurefeste Handschuhe und Schutzbrille anziehen.
- Behälter mit 250 ml Ameisensäure (60 %iger Ameisensäure ad us. vet.) füllen.
- Gefüllte Behälter nur geschlossen transportieren.
- Dochtgröße je nach Volkstärke und Umgebungstemperatur und Beutentyp wählen (siehe Angaben des Herstellers und Tabelle rechts).
- Behälter mit Docht in Auffangschale mit vorgesehenen Halterungen auf Gaze befestigen.

Nassenheider Verdunster

Die Anwendungsvorschrift des Herstellers beachten!

Ablauf:

- Deckel von Beute abnehmen.
- Mindestens 10 cm hohen Raum schaffen (Rahmen, Leerzarge oder umgedrehter Futtertrog).
- Auffangschale auf Oberträger über Bienensitz stellen (Vorsicht Auslaufgefahr!).
- Verdunstungsmenge am nächsten Tag überprüfen.
- Applikator nach 7 bis 14 Tagen entfernen.
- Die Feuchtigkeit der Gaze stammt von der Stockluft.
- Gebrauchte Gazetücher auswaschen und glattstreichen.
- Behandlung im Spätsommer (meist Juli) bei Bedarf frühestens nach zwei Wochen und spätestens im Vollherbst (meist September) wiederholen.

DOSIERÜBERSICHT NASSENHEIDER-PROFESSIONAL

Beutentyp	Ameisensäure-Verdunstung		Umgebungstemperatur und Dochtgröße *	
	Gesamtmenge	Tagesdurchschnitt	18–25 °C	25–30 °C
Zweiraum/Dadant	300 ml	25 ml	3	2
Einraum/Hinter	240 ml	20 ml	2	1
Ableger/Topbar	180 ml	15 ml	1	1

* Dochtgrößen: 1 = klein; 2 = mittel; 3 = groß. Bei Temperaturen unter 15 °C und über 30 °C Behandlung abbrechen (Angaben des Herstellers beachten)

Nassenheider-P.: Behälter vorsichtig mit entsprechender Menge an Ameisensäure füllen.

Nassenheider-P.: Dochtgröße entsprechend Verdunstungsmenge wählen.

Nassenheider-P.: Verdunster auf Oberträger stellen und z. B. mit umgedrehtem Futtertrog abdecken.

So wird's gemacht

Liebig-Dispenser

Vorbereitung:

- Auf mindestens 2 cm Futterkranz über der Brut achten.
- Auf Vorhandensein von unverdeckeltem Futter prüfen.
- Bei Bedarf vor der Behandlung 5 kg Futter geben.
- Rahmen, Leerzarge oder Futtertrog für zusätzlichen Raum vorbereiten.
- Offenen Boden schließen und mit Bodeneinlage (z. B. Ölwindel) versehen und Flugloch maximal öffnen.
- Eimer mit Wasser zum Abwaschen von Säurespritzern bereitstellen.
- Säurefeste Handschuhe und Schutzbrille anziehen.
- Flaschen mit 100 bis 200 ml mit 60 %iger Ameisensäure ad us. vet. füllen.
- In Österreich auch 85 %ige Ameisensäure möglich (veränderte Dosieranleitung des Herstellers beachten).
- Flaschen nur geschlossen transportieren.
- Dochtfläche je nach Volkstärke und Umgebungstemperatur und Beutentyp zuschneiden (siehe Tabelle).

Die Anwendungsvorschrift des Herstellers beachten!

Ablauf:

Liebig Dispenser

- Deckel von Beute abnehmen.
- Mindestens 15 cm hohen Raum schaffen (Rahmen, Leerzarge oder umgedrehter Futtertrog).
- Grundplatte mit Docht auf Oberträger in die Nähe des Bienensitzes stellen.
- Flasche mit AS in die vorgesehene Halterung auf Grundplatte einrasten.
- Verdunstungsmenge am nächsten Tag überprüfen.
- Applikator nach 7 bis 14 Tagen entfernen.
- Die Feuchtigkeit der Dochtfläche stammt von Stockluft.
- Gebrauchte Papier-Dochte nicht wiederverwenden, sondern im Hausmüll entsorgen.
- Behandlung im Spätsommer (meist Juli) bei Bedarf frühestens nach zwei Wochen und spätestens im Vollherbst (meist September) wiederholen.

DOSIERÜBERSICHT LIEBIG-DISPENSER

Beutentyp	Ameisensäure-Verdunstung		Umgebungstemperatur und Dochtfläche in %*		
	Gesamtmenge	Tagesdurchschnitt	15–20 °C	20–25 °C	25–30 °C
Zweiraum/ Dadant	200/200 ml	29/20 ml	100	100	100
Einraum/	150/150 ml	21/15 ml	100	100	95
Hinter/Topbar	100/150 ml	14 ml	90	33	25
Ableger	100/150 ml	14 ml	50	25	10

(Angaben des Herstellers beachten). * Dochtfläche entsprechend den Vorgaben auf dem Dochtpapier ausschneiden. Bei Temperaturen unter 15 °C und über 30 °C Behandlung abbrechen

Liebig-D.: Behälter vorsichtig mit entsprechender Menge an Ameisensäure füllen.

Liebig-D.: Dochtgröße entsprechend Verdunstungsmenge zuschneiden.

Liebig-D.: Flasche in Grundplatte auf Oberträger befestigen und z. B. mit Futtertrog abdecken.

FORMICPRO 68,2 G IMPRÄGNIERTE STREIFEN®

Das gilt allgemein

Wirksubstanz: Ameisensäure
Hersteller: NOD Apiary Ireland.
Vertrieb (Land mit Zulassung): Andermatt BioVet (CH, D).
Zusammensetzung: 68,2 g Ameisensäure pro Gelstreifen.
Dosierung:

- Zwei Gelstreifen für mindestens 7 Tage auf die Oberträger legen.

Außentemperatur:

- Behandlung ist nach Angaben des Herstellers zwischen 10 °C bis 29,5 °C möglich.
- Vor der Behandlung sollten die Wetterprognosen (www.varroawetter.de) beachtet werden.

Anwendersicherheit:

- Wirkt in höheren Konzentrationen gesundheitsschädlich, Gefahr von Verätzungen und Verbrennungen.
- Gummihandschuhe und Schutzbrille schützen gegen Verätzungen.
- Wassereimer zum Abwaschen von Säurespritzern auf Haut und Kleidung sollen in Reichweite sein.
- In geschlossenen Räumen Atemschutzmaske (FFP2) aufziehen.

Nebenwirkungen:

- Erhöhtes Risiko von Brutschäden und Königinverlusten besteht bei zu hohen Außentemperaturen, unzureichender Belüftung und zu schwachen Völkern (unter 10 000 Bienen).

Wartezeit:

- 0 Tage, wenn die Behandlung nach der Tracht und Abnahme der Honigräume erfolgt.

Besonderheiten:
- Eignet sich zur Entmilbung von Völkern mit gedeckelter Brut.
- Nicht in Völkern in der Wintertraube anwenden.

Die Anwendungsvorschrift des Herstellers beachten!

So wird's gemacht

Formicpro 68,2 g®

Vorbereitung:
- Offenen Boden schließen und mit Bodeneinlage (z. B. Ölwindel) versehen.
- Flugloch maximal auf ganzer Breite und mindestens 12,5 mm Höhe öffnen, sonst zusätzliche Lüftung schaffen.
- Verpackung um Streifen erst am Bienenvolk entfernen.

Ablauf:
- Säurefeste Handschuhe und Schutzbrille anziehen.
- Verpackung aufschneiden.
- Gelstreifen vorsichtig entnehmen, ohne die Papierhülle zu beschädigen.
- Deckel von der Beute abnehmen.
- Gelstreifen auf die Oberträger der untersten Brutzarge legen (siehe Angaben des Herstellers).
- Zwischen den Streifen ca. 5 cm und zum Ende der Zarge 10 cm Abstand einhalten.
- Zwischen die Zargen bzw. den Deckel keine Abstandshalter legen.
- Zarge bzw. Deckel bündig aufsetzen.
- Streifen nach frühestens 7 Tagen entfernen.
- Feuchtigkeit auf Gelstreifen stammt von Stockluft.
- Gebrauchte Gelstreifen nicht wiederverwenden, sondern im Sonder- oder Hausmüll entsorgen.
- Einen Monat nach der Behandlung Volk auf „Weiselrichtigkeit" kontrollieren (Königin anwesend?).
- Die Behandlung bei Bedarf nach einem Monat wiederholen.

Formicpro: Streifen vorsichtig aus Packung nehmen.

Formicpro: Gelstreifen trennen, ohne Schutzpapier zu entfernen.

Formicpro: Streifen auf Oberträger im Abstand zum Beutenrand direkt über das Brutnest legen.

MILCHSÄURE

Rückstände:

- Milchsäure kommt im Honig natürlich vor.
- Für Milchsäure ist kein maximaler Rückstandswert festgelegt (EU 37/2010).

Wirkungsweise:

- Vermutlich wird das Gewebe der Milben bei Kontakt übersäuert.

15 %IGE MILCHSÄURE AD US. VET. SPRÜHEN

Das gilt allgemein

Wirksubstanz: Milchsäure.

Hersteller (Land mit Zulassung): Serumwerk Bernburg und andere (A, CH, D).

Vertrieb: Hersteller und Imkereibedarfshandel.

Zusammensetzung: 15 %ige Milchsäure ad us. vet.

Dosierung:

- 8 Milliliter pro von Bienen besetzte Wabenseite sprühen.

Außentemperatur:

- Behandlung ist in der Wintertraube bei Außentemperaturen zwischen 4 °C und 10 °C möglich.
- Im Sommer/Herbst kann auch bei höheren Temperaturen behandelt werden, wenn die Flugaktivität gering ist und alle Bienen wie zum Beispiel im Schwarm erfasst werden.
- Vor der Behandlung sollten die Wetterprognosen (www.varroawetter.de) beachtet werden.

Anwendersicherheit:

- Ist in höheren Konzentrationen gesundheitsschädlich.
- Gummihandschuhe, Schutzbrille und Atemschutzmaske (FFP2) schützen gegen Verätzungen.
- Wassereimer zum Verdünnen von Säurespritzern soll in Reichweite sein.

Nebenwirkungen:

- Milchsäure wird allgemein gut von den Bienen vertragen.
- Bei Temperaturen unter 4 °C treten Verluste bei zu stark durchnässten Bienen auf.

Wartezeit:

- 0 Tage, wenn nach der Tracht oder im Sommer behandelt wird und keine Ernte im selben Jahr erfolgt.

Besonderheiten:
- Nur in Völkern ohne gedeckelte Brut ist eine Wirkung vorhanden.
- Schwärme können in einer geschlossenen Box durch das Gitter besprüht werden.

Die Anwendungsvorschriften der Hersteller beachten.

Milchsäure

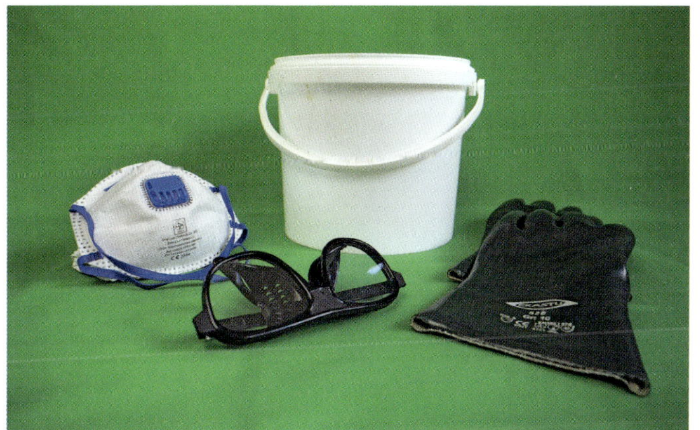

Milchsäure: Eimer mit Wasser, säurefeste Handschuhe, Schutzbrille und Atemschutzmaske (FFP2) für die eigene Sicherheit verwenden.

So wird's gemacht

Vorbereitung:
- Völker auf Brutfreiheit prüfen.
- Offenen Boden schließen und mit Bodeneinlage (z. B. Ölwindel) versehen.
- Sprühmenge pro Pumpstoß oder Druckzeit mit Wasser und Messbecher bestimmen.
- Milchsäure in Wasserbad erwärmen oder in Behälter handwarm transportieren.

Ablauf:
- Gummihandschuhe und Schutzbrille anziehen.
- Atemschutzmaske FFP2 aufsetzen.
- Deckel von Beute abnehmen.
- Waben nacheinander einzeln entnehmen.

- Wabenfläche schräg, d. h. im Winkel von 45° halten, damit wenig Flüssigkeit in die Zellen gelangt.
- Jeweils etwa 8 ml Milchsäure pro von Bienen besetzte Wabenseite sprühen.
- Die Bienen nur benetzen und nicht durchnässen.
- Die Bienen an Boden und Kastenwandungen ebenfalls besprühen.
- Die Behandlung bei Bedarf nach ein bis fünf Wochen wiederholen.

Milchsäure: Sprühmenge pro Pumpstoß mit Messbecher bestimmen.

Milchsäure: Waben beim Sprühen schräghalten.

Milchsäure: Bienen nicht durchnässen, sondern nur befeuchten.

THYMOL

Rückstände:

- Thymol kommt in einigen Honigen (z. B. Linde) vor und ist Bestandteil von Pflanzen (z. B. Thymian und Oregano).
- Für Thymol ist kein maximaler Rückstandswert festgelegt (EU 37/2010).

Wirkungsweise: Neurotoxischer Effekt bei Aufnahme über die Gasphase z. B. beim Verdampfen.

THYMOL VERDAMPFEN

Das gilt allgemein

Wirksubstanz: Thymol.

Handelsnamen und Hersteller (Land mit Zulassung):

- Thymovar®, Dr. Schaette AG (A, CH, D).
- Apilife Var®, LAIF Chemicals S.P.A. (A, CH, D).
- Apiguard®, Vita Europe Ltd. (A, D).

Vertrieb: Je nach Arzneimittel Apotheken, Hersteller und Imkereibedarfshandel.

Dosierung: Je nach Arzneimittel verschieden (Angaben beim jeweiligen Hersteller).

Außentemperatur:

- Behandlung ist je nach Arzneimittel zwischen 10 und 30 °C bei einer Durchschnittstemperatur von 15 °C möglich.
- Bei ungünstiger Witterung (Hitze, Kälte oder Regen) muss die Behandlung unterbrochen werden.
- Vor der Behandlung sollten die Wetterprognosen (www.varroawetter.de) beachtet werden.

Anwendersicherheit:

- Wirkt in höheren Konzentrationen gesundheitsschädlich, Gefahr von Verätzungen (Ekzemen).
- Eimer mit Wasser zum Abwaschen bei Hautkontakt bereitstellen.
- Gummihandschuhe und Schutzbrille tragen.

Nebenwirkungen:

- Schädigung der Brut ist in der Nähe des Trägers von Thymol möglich.
- Junge Brut und Bienen können bei höheren Temperaturen über 30 °C geschädigt werden (siehe Angaben des jeweiligen Herstellers).
- Nach der Anwendung ist die Widerstandskraft der Bienenvölker wegen Abtötung von Antagonisten vermindert.

Besonderheiten:

- Eignet sich wegen der langsam einsetzenden Wirkung nicht zur schnellen Entmilbung.

Die Anwendungsvorschrift des Herstellers ist bei den verschiedenen Arzneimitteln zu beachten!

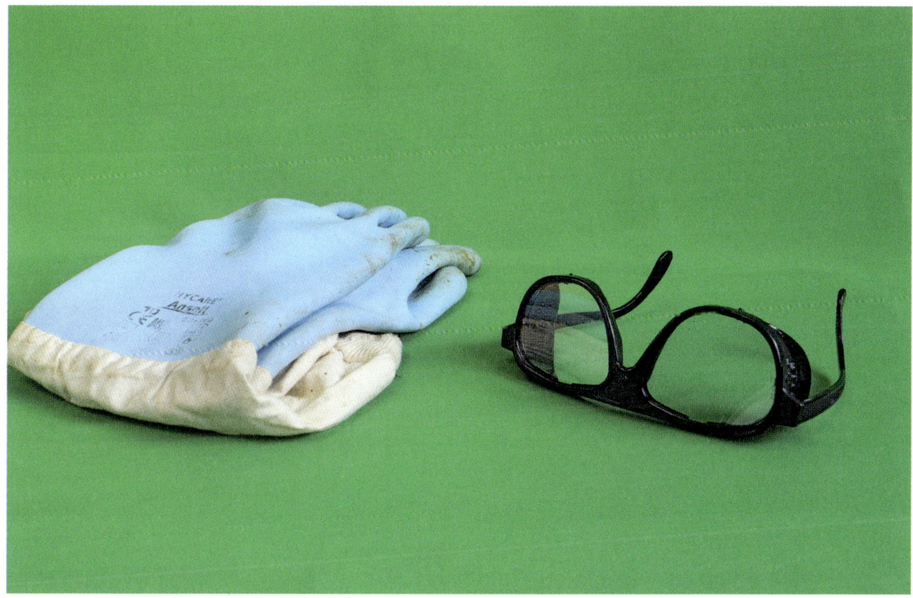

Thymol: Gummihandschuhe und Schutzbrille für die eigene Sicherheit verwenden.

THYMOVAR®

Das gilt allgemein

Hersteller: Dr. Schaette AG.

Vertrieb (Land mit Zulassung): Andermatt BioVet, Apotheke oder Imkereibedarfshandel (A, CH, D).

Zusammensetzung: Wirksubstanz: 15 g Thymol pro Plättchen.

Dosierung:

- Je nach Beutensystem ein bis zwei Plättchen pro Volk verabreichen.

Außentemperatur:

- Die Behandlung ist bei Temperaturen von im Durchschnitt über 15 °C möglich.
- Vor der Behandlung sollten die Wetterprognosen (www.varroawetter.de) beachtet werden.

Nebenwirkungen:

- Futter unter Plättchen wird manchmal umgetragen.
- Brut kann unter Plättchen sterben.
- Bei Überdosierungen sind Bienen- und Brutverluste möglich.

Wartezeit:

- 0 Tage, wenn die Behandlung nicht vor oder während der Tracht erfolgt.

Die Anwendungsvorschrift des Herstellers beachten!

Thymovar®

So wird's gemacht

Vorbereitung:

- Völker auf ausreichend Futtervorräte kontrollieren.
- Bei Bedarf 1,5 kg Zuckerwasser füttern.
- Rahmen, Leerzarge oder Futtertrog für zusätzlichen Raum von mindestens einem Zentimeter vorbereiten.
- Eimer mit Wasser zum Reinigen der Haut bereitstellen.
- Offenen Boden schließen und mit Bodeneinlage (z. B. Ölwindel) versehen.
- Flugloch maximal öffnen.
- Temperaturspanne von im Durchschnitt über 15 °C (tagsüber 20 bis 25 °C) beachten.

Ablauf:

- Deckel von Bienenbeute abnehmen.
- Mindestens 1 cm hohen Raum über Oberträger mit Rahmen, Leerzarge oder umgedrehten Futtertrog schaffen.
- Wachsbrücken zum einfacheren Auflegen der Plättchen entfernen.
- Gummihandschuhe und Schutzbrille anziehen.
- Plättchen entnehmen und auf Maß zubereiten.
- Plättchen in 4 bis 10 cm Entfernung zum Brutnest auf die Oberträger legen.
- Nach 3 bis 4 Wochen Plättchen entfernen.
- Zweite Behandlung nach der Auffütterung für den Winter durchführen.
- Nicht mehr als zweimal hintereinander behandeln.

Thymovar®: Plättchen je nach Dosierung ganz oder halbiert auf Oberträger legen.

Thymovar®: 4 bis 10 cm Abstand zum Brutnest einhalten.

APILIFE VAR®

Das gilt allgemein

Hersteller: LAIF Chemicals S.P.A.

Vertrieb (Land mit Zulassung): Hersteller, Imkereibedarfshandel (A, CH, D).

Zusammensetzung: Thymol (8 g) und Eukalyptusöl, Kampfer, Lavendelöl auf einem Streifen als Träger.

Dosierung:

- Je nach Beute ein bis zwei Plättchen pro Volk geben.

Außentemperatur:

- Die Behandlung ist bei Temperaturen von im Durchschnitt über 15 °C möglich.
- Vor der Behandlung sollten die Wetterprognosen (www.varroawetter.de) beachtet werden.

Nebenwirkungen:

- Brut kann unter dem Plättchen mit Thymol sterben.
- Bei Überdosierungen verlassen die Bienen oft die Beute.

Wartezeit:

- 0 Tage, wenn nicht vor oder während der Tracht behandelt wird.

Apilife Var

Die Anwendungsvorschrift des Herstellers beachten!

So wird's gemacht

Vorbereitung:

- Völker auf ausreichend Futtervorräte kontrollieren.
- Bei Bedarf 1,5 kg Zuckerwasser füttern.
- Nur Völker mit wenig Brut und auf einer Zarge auswählen.
- Alle Völker des Standes gleichzeitig behandeln.
- Rahmen, Leerzarge oder Futtertrog für zusätzlichen Raum von mindestens einem Zentimeter vorbereiten.
- Offenen Boden schließen und mit Bodeneinlage (z. B. Ölwindel) versehen.
- Flugloch maximal öffnen.
- Nicht bei Temperaturen über 30 °C anwenden.
- Nicht bei Völkern auf mehreren Zargen anwenden.
- Eimer mit Wasser zum Reinigen der Haut bereitstellen.

Ablauf:

- Deckel von Beute abnehmen.
- Mindestens 1 cm hohen Raum über Oberträger mit Rahmen, Leerzarge oder umgedrehtem Futtertrog schaffen.
- Wachsbrücken zum einfacheren Auflegen der Plättchen entfernen.
- Gummihandschuhe und Schutzbrille anziehen.
- Streifen entnehmen und auf Maß zuschneiden.
- Streifen auf Oberträger an den Rand des Bienensitzes legen.
- Nach 7 Tagen Streifen entfernen.
- Behandlung mit einem Streifen vier Mal im Abstand von 7 Tagen wiederholen.
- Zweite Behandlung nach der Auffütterung für den Winter.

Apilife Var®: Streifen vorsichtig aus der Packung entnehmen.

Apilife Var®: Streifen auf die Oberträger an den Rand des Brutnests legen.

APIGUARD®

Das gilt allgemein

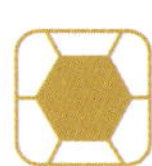

Hersteller: Vita Europe Ltd.

Vertrieb (Land der Zulassung): Hersteller und Imkereibedarfshandel (A, D).

Zusammensetzung: 12,5 g Thymol in Gel pro Schale.

Dosierung:

- Ein bis zwei Schälchen pro Volk verabreichen.

Außentemperatur:

- Die Behandlung ist bei Temperaturen von im Durchschnitt über 15 °C und unter 40 °C möglich.
- Vor der Behandlung sollten die Wetterprognosen (www.varroawetter.de) beachtet werden.

Nebenwirkungen:

- Aufzucht junger Brut kann zurückgehen.
- Bei Überdosierungen sind Bienen- und Brutverluste möglich.

Wartezeit:

- 0 Tage, wenn nicht vor oder während der Tracht behandelt wird.

Die Anwendungsvorschrift des Herstellers beachten!

Apiguard®

So wird's gemacht

Vorbereitung:

- Völker auf ausreichend Futtervorräte kontrollieren.
- Nur Völker mit nicht zu viel Brut auswählen.
- Schwache Völker vorher vereinigen.
- Alle Völker des Standes wegen der Gefahr von Räuberei gleichzeitig behandeln.
- Rahmen, Leerzarge oder Futtertrog für zusätzlichen Raum von mindestens einem halben Zentimeter vorbereiten.
- Offenen Boden schließen und mit Bodeneinlage (z. B. Ölwindel) versehen.
- Flugloch maximal öffnen.
- Temperatur von im Durchschnitt zwischen 15 °C und maximal 40 °C beachten.
- Eimer mit Wasser zum Reinigen der Haut bereitstellen.

Ablauf:

- Deckel von Beute abnehmen.
- Mindestens 0,5 cm hohen Raum über Oberträger und Deckel schaffen.
- Wachsbrücken zum einfacheren Auflegen der Schälchen entfernen.
- Gummihandschuhe und Schutzbrille anziehen.
- Schale mit Thymol öffnen.
- Schale auf Oberträger über Brutnest stellen.
- Nach zwei Wochen neue Schale öffnen und dazustellen.
- Nach vier bis sechs Wochen alle Schalen entfernen.
- Keinen Honig im selben Jahr nach der Behandlung ernten.

Apiguard®: Nach zwei Wochen neue Apiguard®:-Schale öffnen und auf Oberträger neben die erste Schale stellen.

OXALSÄURE

Rückstände:

- Oxalsäure kommt in geringen Mengen im Honig vor und ist Bestandteil verschiedener Gemüse wie Petersilie, Spinat und Rhabarber.
- Für Oxalsäure ist kein maximaler Rückstandswert festgelegt (EU 37/2010).

Wirkungsweise:

- Übersäuert das Gewebe der Milben nach Kontakt mit den Bienen und bei der Aufnahme der Hämolymphe als Nahrung.

OXALSÄURE SPRÜHEN

Das gilt allgemein

Wirksubstanz: Oxalsäure

Handelspräparat: Oxuvar® 5,7 % (Andermatt® BioVet), Oxalsäure Bernburg 40® (Serumwerke Bernburg).

Vertrieb (Land mit Zulassung): Hersteller und Imkereibedarfshandel (A, CH, D).

Zusammensetzung: Oxalsäure ohne Zucker.

Dosierung:

- Pro Quadratdezimeter werden 0,3 ml Oxalsäure-Lösung gesprüht.
- Maximal soll nicht mehr als 80 ml (Oxuvar), bzw. 100 ml (Oxalsäure Bernburg 40) pro Volk verabreicht werden.

Außentemperatur:

- Behandlung ist in der Wintertraube bei Außentemperaturen von mindestens 8 °C (Oxuvar) bzw. 4 °C (Oxalsäure Bernburg 40) möglich.
- Im Frühjahr, Sommer oder Herbst kann auch bei höheren Temperaturen behandelt werden, wenn die Flugaktivität gering ist und alle Bienen wie zum Beispiel im Schwarm erfasst werden.
- Vor der Behandlung sollten die Wetterprognosen (www.varroawetter.de) beachtet werden.

Anwendersicherheit:

- In höheren Konzentrationen besteht die Gefahr von Verätzungen.
- Säurefeste Handschuhe, Schutzbrille und Atemschutzmaske FFP2 bzw. FFP3 schützen gegen Verätzungen.
- Wassereimer zum Verdünnen von Säurespritzern soll in Reichweite sein.

Nebenwirkungen:

- Während der Behandlung ist das Bienenvolk unruhig.
- Nach der Behandlung tritt ein erhöhter Totenfall auf.

Wartezeit:

- 0 Tage, wenn nach der Tracht oder im Sommer behandelt wird und keine Ernte im selben Jahr erfolgt.

Oxuvar 5,7 %®

Besonderheiten:

- Wirkt nur bei Völkern ohne gedeckelte Brut.
- Schwärme können in einer geschlossenen Box durch das Gitter besprüht werden.
- Fertige Sprühlösung ist bei frostfreier Lagerung unter 30 °C ein Jahr haltbar.

Die Anwendungsvorschrift des Herstellers beachten!

DOSIERÜBERSICHT OXUVAR® 5,7 % UND OXALSÄURE BERNBURG 40® SPRÜHEN

Beutentyp	Oxalsäure	
	pro besetzte Wabengasse	Gesamtmenge
Großraum	3–4 ml	80 ml)*
Zweiraum/Einraum/Topbar	2–3 ml	80 ml)*
Schwarm	20–25 ml/kg Bienen	
(Angaben der Hersteller beachten);)* Oxalsäure Bernburg 40® max. 100 ml		

Oxalsäure Bernburg 40®

Oxalsäure sprühen: Eimer mit Wasser, säurefeste Handschuhe, Schutzbrille und Atemschutzmaske FFP2 bzw. FFP3 für die eigene Sicherheit verwenden.

So wird's gemacht

Vorbereitung:

- Völker auf Brutfreiheit kontrollieren.
- Wenig Restbrut tolerieren.
- Offenen Boden schließen und mit Bodeneinlage (z. B. Ölwindel) versehen.
- Flugloch maximal öffnen.
- Sprühmenge pro Pumpstoß oder Druckzeit mit Wasser im Messbecher bestimmen.

- Säurefeste Handschuhe und Schutzbrille anziehen.
- Sprühflüssigkeit entsprechend der Gebrauchsanweisung herstellen.
- Flasche mit Sprühflüssigkeit in Wasserbad erwärmen oder in Behälter handwarm transportieren.

Ablauf:

- Säurefeste Handschuhe und Schutzbrille anziehen.
- Atemschutzmaske FFP2 bzw. FFP3 aufsetzen.
- Deckel von Beute abnehmen.
- Waben einzeln entnehmen.
- Wabenfläche schräg, d. h. im Winkel von 45° halten, damit wenig Flüssigkeit in die Zellen gelangt.
- Je nach Wabenfläche etwa 2 bis 4 ml Oxuvar® 5,7 % bzw. Oxalsäure Bernburg 40® pro Wabenseite sprühen (siehe Angaben der Hersteller).
- Die Bienen nicht durchnässen.
- Die Bienen an Boden und Kastenwandungen besprühen.
- Schwärme oder Kunstschwärme mit 20 bis 25 ml pro Kilogramm Bienen besprühen.
- Sterben mehr als 500 Milben zwei Wochen nach der Anwendung, die Behandlung mit Oxuvar® 5,7 % nach 14 Tagen wiederholen.

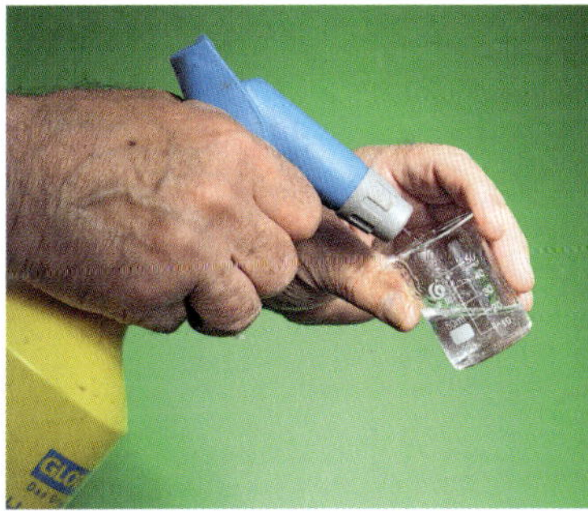

Oxalsäure sprühen: Sprühmenge pro Pumpstoß mit Messbecher bestimmen.

Oxalsäure sprühen: Waben beim Sprühen schräg halten.

Oxalsäure sprühen: Bienen nicht durchnässen, sondern nur befeuchten.

OXALSÄURE AD US. VET. TRÄUFELN

Das gilt allgemein

Wirksubstanz: Oxalsäure.

Handelspräparate (Land mit Zulassung): Oxalsäure Bernburg 40®, Serumwerke Bernburg (D), Oxalsäuredihydrat® 3,5% ad us. vet., Serumwerke Bernburg (D), Oxalsäure-Dihydrat 3,5%® und Oxuvar 5,7%®, Andermatt BioVet (A, D, CH); Oxibee®, Veto Pharma (A, CH, D); Danys Bienenwohl®, Dany Bienenwohl (CH, D).

- **Vertrieb:** Apotheke, Hersteller, Imkereibedarfshandel.
- **Zusammensetzung:** 5,7% Oxalsäure (Oxuvar® 5,7%); 3,5% Oxalsäuredihydrat (Oxalsäuredihydrat® 3,5% ad us. vet.); Oxalsäuredihydrat und verschiedene Begleitstoffe (Oxibee®, Danys Bienenwohl®).

Dosierung:

- Pro Volk werden maximal 50 ml pro Volk (Oxibee® 54 ml) verabreicht.

Außentemperatur:

- Bei Behandlung in der Wintertraube sollte die Außentemperatur zwischen – 15° und + 5 °C (Oxalsäure Bernburg® 40. 4 °C, Oxibee® mindestens 3 °C) liegen.
- Völker sollten eng in der Wintertraube sitzen.
- Vor der Behandlung sollten die Wetterprognosen (www.varroawetter.de) beachtet werden.

Anwendersicherheit:

- Wirkt in höheren Konzentrationen gesundheitsschädlich, Gefahr von Verätzungen und Verbrennungen.
- Säurefeste Handschuhe und Schutzbrille tragen.
- Schutzkleidung ist beim Abfüllen ratsam.
- Wasser zum Abwaschen von Säurespritzern auf Haut und Kleidung sollte in Reichweite bereitstehen.

Nebenwirkungen:

- Fertige Träufellösung sofort verbrauchen, da ein erhöhter HMF-Gehalt in der zuckerhaltigen Lösung zu Bienenschäden führen kann.

- Zweite Behandlung führt in der Regel zu Bienenschäden.

Wartezeit:

- 0 Tage, wenn ohne aufgesetzten Honigraum (Oxuvar® 5,7 % und Oxalsäure Bernburg 40®) bzw. nicht während der der Tracht (Oxibee® und Danys Bienenwohl®) behandelt wurde.

Besonderheiten:

- Eignet sich zur Entmilbung von Völkern ohne gedeckelte Brut.
- Eine ausreichende Wirkung wird nur bei eng sitzender Wintertraube erreicht.

Die Anwendungsvorschriften der Hersteller beachten!

Oxibee®/Danys Bienenwohl®

Oxalsäure Bernburg 40®

Oxuvar 5,7 %®

DOSIERÜBERSICHT OXALSÄUREDIHYDRAT® 3,5 % AD US. VET, OXUVAR 5,7 %® UND OXALSÄURE BERNBURG 40® TRÄUFELN

Beutentyp	Oxalsäure® 3,5 %	
	pro besetzte Wabengasse	Gesamtmenge
Großraum/Hinter	5–6 ml	50 ml
Zweiraum/Einraum	3–4 ml	50 ml
Topbar	2–3 ml	50 ml
(Angaben der Hersteller beachten)		

Oxalsäure träufeln: Wassereimer, säurefeste Handschuhe und Schutzbrille für die eigene Sicherheit verwenden.

So wird's gemacht

Vorbereitung:

- Völker auf Brutfreiheit kontrollieren.
- Wenig Restbrut tolerieren.
- Offenen Boden schließen und mit Bodeneinlage (z. B. Ölwindel) versehen.
- Säurefeste Handschuhe und Schutzbrille anziehen.
- Träufellösung entsprechend der Gebrauchsanweisung herstellen.
- Flasche mit zuckerhaltiger Träufellösung in Wasserbad bei 35 °C stellen.
- Lösung im Behälter handwarm transportieren.

Ablauf:

- Deckel von Beute abnehmen.
- Dosis anhand der Zahl der besetzten Wabengassen festlegen.
- Entsprechende Menge an Träufellösung in Spritze aufziehen (maximal 50 ml pro Volk, Oxibee® 54 ml).
- Bienen in Wabengassen je nach Wabenfläche und Volkstärke mit 2 bis 4 ml handwarmer Lösung beträufeln.
- Möglichst die Bienen in allen Wabengassen erreichen.
- Verkleckerte Lösung wird von den Bienen nicht mehr aufgenommen.
- Bei zweiräumiger Überwinterung und unten sitzender Wintertraube obere Zarge abnehmen.
- Bei tief in den Wabengassen sitzender Wintertraube Schlauchverlängerung an der Spritze verwenden.
- Fallen in den zwei Wochen nach der Behandlung mehr als 500 Milben ab, nach 14 Tagen mit Oxalsäure (Oxuvar® 5,7 % und Oxalsäure Bernburg 40®) besprühen (OS).
- Zweite Behandlung durch Beträufeln führt in der Regel zu Schäden.
- Fertige Lösung nicht lagern sondern sofort verbrauchen.

Oxalsäure träufeln: Zucker in die Flasche mit Flüssigkeit geben und gut schütteln.

Oxalsäure träufeln: Im handwarmen Wasserbad zur besseren Auflösung des Zuckers und schonenden Verabreichung erwärmen.

Oxalsäure träufeln: Zum Träufeln der Lösung auf Bienen tief in den Wabengassen die Spritze mit einem Schlauch verlängern.

OXALSÄURE AD US. VET. VERDAMPFEN (SUBLIMIEREN)

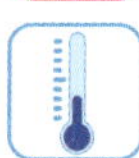

Das gilt allgemein

Wirksubstanz: Oxalsäure.

Handelspräparate (Land mit Zulassung): Varroxal®, Andermatt BioVet (A, CH); API-Bioxal „Sublimation", LAIF (CH); Oxalsäure-Dihydrat ad us. vet. (A).

Zusammensetzung: 100 % Oxalsäuredihydrat-Pulver.

Vertrieb: Apotheke, Hersteller, Imkereibedarfshandel (in Deutschland nicht zugelassen!).

Dosierung:

- Je nach Beutentyp und Volksstärke 1 bis 2 g pro Volk verabreichen.

Außentemperatur:

- Behandlung ist in der Wintertraube bei Außentemperaturen von mindestens 4 °C möglich.
- Im Sommer/Herbst kann auch bei höheren Temperaturen behandelt werden, wenn die Flugaktivität gering ist und alle Bienen erfasst werden.
- Vor der Behandlung sollten die Wetterprognosen (www.varroawetter.de) beachtet werden.

Anwendersicherheit:

- Wirkt in höheren Konzentrationen gesundheitsschädlich, Gefahr von Verätzungen und Verbrennungen.
- Wassereimer zum Verdünnen bei Kontakt mit Säure bereitstellen.
- Säurefeste Handschuhe, Schutzbrille und Atemschutzmaske FFP3 verwenden.
- Kittel oder langärmelige Bekleidung tragen, um Kontakt mit der Haut zu vermeiden.
- Abstand halten, damit Dämpfe nicht eingeatmet werden.

Nebenwirkungen:

- Während der Behandlung ist das Bienenvolk unruhig.
- Nach der Behandlung tritt ein erhöhter Totenfall auf.

Wartezeit:

- 0 Tage, wenn nach der Tracht oder im Sommer keine Ernte im selben Jahr erfolgt.

Besonderheiten:

- Nur zur Entmilbung in Völkern ohne gedeckelte Brut geeignet.
- Sitzen die Bienen in einer Wintertraube, sollte vorher innerhalb von vier Wochen ein Reinigungsflug stattgefunden haben.
- Schwärme und Kunstschwärme können jederzeit behandelt werden.

DOSIERÜBERSICHT VARROXAL® (OXALSÄUREDIHYDRAT)

Beutentyp	Varroxal® Gesamtmenge
Großraum/Zweiraum	2 g
Einraum	1 g
(Angaben des Herstellers beachten)	

Api Bioxal® CH

Varroxal® A/CH

Die Anwendungsvorschriften der Hersteller beachten.

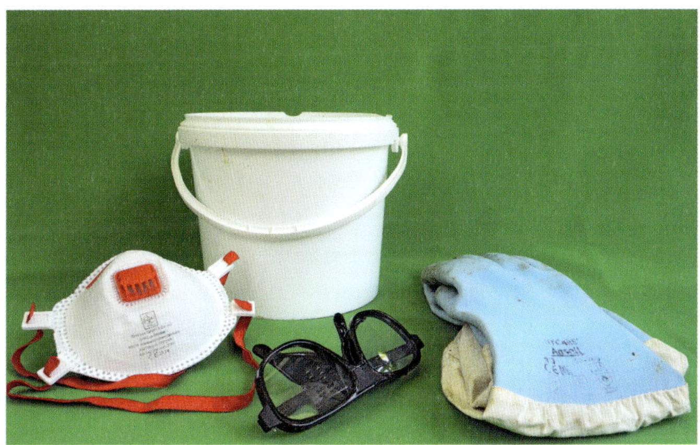

Oxalsäure verdampfen: Eimer mit Wasser, säurefeste Handschuhe, Schutzbrille und Atemschutzmaske FFP3 für die eigene Sicherheit verwenden.

So wird's gemacht

Vorbereitung:

- Völker auf Brutfreiheit kontrollieren.
- Wenig Restbrut tolerieren.
- Eventuell bei zu viel Restbrut oder zu hohem Befall ein zweites Mal behandeln.
- Eimer mit Wasser zum Abwaschen bei Kontakt mit Säure bereitstellen.
- Offenen Boden schließen und mit Bodeneinlage (z. B. Ölwindel) versehen.
- Auf geringen Bienenflug zum Zeitpunkt der Behandlung achten.
- Alle Öffnungen an der Beute mit Klebeband oder feuchten Tüchern schließen, damit keine bzw. wenig Dämpfe entweichen.

Ablauf:

- Säurefeste Handschuhe, Schutzbrille und Atemschutzmaske FFP3 anziehen.
- Tiegel am Verdampfer mit Oxalsäuredihydrat in Form von Pulver oder als Tablette entsprechend der Dosieranleitung der Hersteller füllen.
- Verdampfer durch Flugloch oder über Diagnoseschublade unter Bienensitz führen.
- Wegen der hohen Temperaturen (> 400 °C) zum Boden und nach oben, ausreichend Abstand (15 mm zum Gitter und 5 mm zu den Waben) herstellen.
- Flugloch und alle Öffnungen mit feuchten Tüchern vollständig verschließen.
- Bienenhaus nur von außen behandeln.
- Varrox-Verdampfer oder ähnliche Geräte für zweieinhalb Minuten an eine Autobatterie anschließen.
- Bei automatischen Geräten wie Varrox-Eddy Starttaste drücken (Tiegel-Lampe leuchtet orange).
- Während der Behandlung leuchtet bei automatischen Geräten wie Varrox-Eddy die Tiegel-Lampe orange.
- Während der Behandlung Abstand zur Bienenbeute halten.

- Niemals in der Richtung der entweichenden Dämpfe stehen.
- Keine Personen im Bienenhaus dulden.
- Gerät nach 2,5 Minuten ausschalten (Verbindung zur Autobatterie entfernen).
- Bei automatischen Geräten wie Eddy leuchtet die Tiegel-Lampe weiß.
- Nach Ende der Behandlung noch 2 Minuten warten, bis das Gerät herausgezogen wird.
- Bei automatischen Geräten wie Eddy leuchtet die Tiegel-Lampe violett.
- Flugloch noch weitere 10 Minuten geschlossen halten, bis sich die Dämpfe gesetzt haben.
- Bei automatischen Geräten wie Eddy leuchtet die Tiegel-Lampe violett.
- Tiegel für die nächste Behandlung in Wasser abkühlen.
- Fallen in den zwei Wochen nach der Behandlung mehr als 100 Milben ab oder war während der Behandlung viel Restbrut vorhanden, Behandlung nach 14 Tagen mit der halben Dosis wiederholen.
- Tücher zum Abdichten nur mit Handschuhen entfernen.
- Wenn die Beute direkt nach der Behandlung geöffnet wird, unbedingt Handschuhe und Schutzmaske tragen.
- Gebrauchsanweisung des Herstellers beachten.
- Nach der Behandlung keinen Honig im selben Jahr ernten.

Oxalsäure verdampfen: Kristallines Pulver nach Maß in den Tiegel des Verdampfers geben.

Oxalsäure verdampfen: Durch die Flugöffnung Verdampfer einführen und abdichten.

Oxalsäure verdampfen: Durch die Flugöffnung Verdampfer einführen und abdichten.

Oxalsäure verdampfen: Verdampfer entfernen und Abdichtung an Flugöffnung belassen.

Oxalsäure verdampfen: Heißen Tiegel des Verdampfers in Wasser abkühlen.

Oxalsäure verdampfen: Automatische Geräte wie Eddy arbeiten mit Akkus und können durch das Flugloch eingeführt werden.

Oxalsäure verdampfen: Bei automatischen Geräten wie Eddy den von speziellen Lampen angezeigten zeitlichen Ablauf beachten.

OXALSÄURE/AMEISENSÄURE AD US. VET. TRÄUFELN

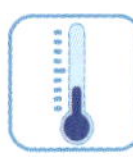

Das gilt allgemein

Wirksubstanzen: Oxalsäure und Ameisensäure.

Handelspräparat (Land mit Zulassung): VarroMed®, BeeVital (A, D).

Zusammensetzung: 4,4 % Oxalsäure ad us. vet. und 0,5 % Ameisensäure ad us. vet.

Vertrieb: Apotheke, Imkereibedarfshandel.

Wirkungsweise:

- Wirkung auf die Milben in der Brut ist wegen der geringen Menge an Ameisensäure nicht zu erwarten.

Dosierung:

- Pro Volk werden je nach Volkstärke 15 ml bis 45 ml unverdünnte Träufellösung verabreicht.

Außentemperatur: Keine Angaben des Herstellers.

Anwendersicherheit:

- Wirkt in höheren Konzentrationen gesundheitsschädlich, Gefahr von Verätzungen und Verbrennungen.
- Säurefeste Handschuhe und Schutzbrille tragen.
- Wasser zum Abwaschen von Säurespritzern auf Haut und Kleidung sollte in Reichweite bereitstehen.

Nebenwirkungen:

- Totenfall nach der Behandlung nimmt mit höherer Dosis und wiederholter Behandlung zu.
- Bei Wassermangel strecken die Bienen den Rüssel aus.

Wartezeit:

- 0 Tage, wenn außerhalb der Tracht und nicht aufgesetztem Honigraum behandelt wurde.

Besonderheiten:

- Eignet sich zur Entmilbung von Völkern mit und ohne gedeckelte Brut.
- Nach Öffnen der Flasche muss Träufellösung innerhalb von 30 Tagen verbraucht werden.
- Arzneimittel darf nicht über 25 °C und nicht im Licht gelagert werden.

DOSIERÜBERSICHT VARROMED® 3,5 % AD US. VET. TRÄUFELN

Volkstärke in Tausend	5–7	7–12	12–30	über 30
Gesamtmenge Lösung	15 ml	15–30 ml	30–40 ml	45 ml
(Angaben des Herstellers beachten)				

Die Anwendungsvorschrift des Herstellers beachten!

VarroMed®: Eimer mit Wasser, säurefeste Handschuhe und Schutzbrille für die eigene Sicherheit verwenden.

So wird's gemacht

VarroMed®

Vorbereitung:

- Offenen Boden schließen und mit Bodeneinlage (z. B. Ölwindel) versehen.
- Flugloch maximal öffnen.
- Auf geringen Bienenflug zum Zeitpunkt der Behandlung achten.
- Träufellösung in Wasserbad auf 25 bis 35 °C erwärmen.
- Lösung im Behälter handwarm transportieren.

Ablauf:

- Säurefeste Handschuhe und Schutzbrille anziehen.
- Deckel von Beute abnehmen.
- Dosis anhand Volkstärke festlegen (siehe Angaben des Herstellers und Tabelle).
- Entsprechende Menge an Träufellösung in der Spritze aufziehen.
- Bienen in allen Wabengassen mit Lösung beträufeln.
- Möglichst alle Bienen in den Wabengassen erreichen.

- Verkleckerte Lösung wird von den Bienen nicht mehr aufgenommen.
- Bei zweiräumiger Überwinterung und unten sitzender Wintertraube obere Zarge abnehmen.
- Behandlung je nach den in der Jahreszeit zweimal wiederholen, wenn nach der ersten Behandlung innerhalb von sechs Tagen Milben in folgender Zahl abfallen:
  - im Frühling mehr als 10 Milben
  - Herbst mehr als 24 Milben
- Im Winter grundsätzlich nur einmal behandeln.
- Nach der Behandlung keinen Honig im selben Jahr ernten.

VarroMed®: Im handwarmen Wasserbad zur schonenden Verabreichung erwärmen.

VarroMed®: Fertige Lösung in Wabengassen träufeln.

VarroMed®: Verkleckertes Behandlungsmittel wird von den Bienen nicht mehr aufgenommen.

SYNTHETISCHE WIRKSTOFFE

Rückstände:

- Synthetische Wirkstoffe kommen weder im Honig noch in der Natur vor.
- Für die meisten Wirkstoffe ist ein maximaler Rückstandswert festgelegt (EU 37/2010).

Wirkungsweise:

- Die meisten Wirkstoffe wirken als Kontaktgift gegen Insekten und Milben.

STREIFEN MIT SYNTHETISCHEM PYRETHROID EINHÄNGEN

Das gilt allgemein

Wirksubstanz: Flumethrin ist ein synthetisches Pyrethroid, das nicht in der Natur vorkommt.

Handelspräparat (Land mit Zulassung): Bayvarol®, Bayer-Vital AG (CH, D).

Zusammensetzung: 6,6 g Flumethrin pro Kunststoff-Strip.

Vertrieb: Apotheke oder Tierarztpraxis.

Dosierung:

- Vier Streifen für normalstarke und zwei für schwache Völker verwenden.

Rückstände:

- Wirkstoff reichert sich in Propolis und Wachs an.
- Für den Wirkstoff ist kein maximal zulässiger Rückstandswert (MRL) in Honig festgelegt (EU 37/2010).

Außentemperatur:

- Während der Behandlung muss das Volk aktiv sein und nicht in der Wintertraube sitzen.

Anwendersicherheit:

- Wirkt in höheren Konzentrationen gesundheitsschädlich, kann zu neurotoxischen Störungen (Schwindel, Sehstörungen etc.) führen.
- Gummihandschuhe tragen, um Hautkontakt zu vermeiden.

Nebenwirkungen:

- Resistenzen entwickeln sich schnell.

Wartezeit:

- 0 Tage, wenn nicht vor oder nach Tracht behandelt wurde und kein Honigraum aufgesetzt war.

Besonderheiten:

- Zur Entmilbung von Völkern mit und ohne gedeckelte Brut geeignet.
- Darf nach EU-Öko-Verordnung nicht in Bio-Betrieben eingesetzt werden.

Streifen mit synthetischem Pyrethroid einhängen: Gummihandschuhe tragen, um Hautkontakt zu vermeiden.

Die Anwendungsvorschrift des Herstellers beachten!

Bayvarol®

Streifen mit synthetischem Pyrethroid einhängen: Streifen im Brutnestbereich in die Wabengassen hängen.

So wird's gemacht

Vorbereitung:

- Offenen Boden schließen und mit Bodeneinlage (z. B. Ölwindel) versehen.
- Flugloch maximal öffnen.

Ablauf:

- Gummihandschuhe anziehen.
- Deckel von Beute abnehmen.
- Dosis anhand Volkstärke festlegen.
- Maximal 4 Streifen auf die Wabengassen im Brutnest verteilt einhängen.
- Bei schwachen Völkern und Ablegern maximal zwei Streifen verwenden.
- Den Brutnestbereich anhand der Bienendichte bestimmen.
- Streifen zwischen die Wabengassen hängen, so dass sie von beiden Seiten belaufen werden können.
- Bei über zwei Räume (Zargen) reichendem Brutnest die Streifen durch Ineinanderhängen verlängern.
- Alle Streifen nach vier bis sechs Wochen entfernen.
- Die Wirkstoffe auf den Streifen sind fischgiftig und dürfen nicht in Gewässer oder ins Abwasser gelangen.
- Streifen über Schadstoffsammlung oder den Hausmüll entsorgen.
- Die Wirkung des Arzneimittels unbedingt über den Milbenabfall überprüfen, um Resistenzen schnell zu erkennen.
- Keinen Honig im selben Jahr nach der Behandlung ernten!

STREIFEN MIT AMITRAZ EINHÄNGEN

Das gilt allgemein

Wirksubstanz: Amitraz ist ein synthetischer Stoff, der zur Gruppe der Triazapentadiene gehört und nicht in der Natur vorkommt.

Handelspräparate (Land mit Zulassung): Apitraz®, Laboratorios Caliere (A, D) Apivar®, Veto Pharma (A, D).

Zusammensetzung: 500 mg Amitraz pro Kunststoff-Streifen.

Vertrieb: Apotheke oder Tierarztpraxis (rezeptpflichtig!).

Rückstände:

- Wirkstoff zerfällt in nachweisbare Metaboliten.
- Metaboliten reichern sich in Honig und Wachs an.
- Maximal zulässiger Rückstandswert (MRL) in Honig 200 µg/kg (EU 37/2010).

Dosierung:

- In normal entwickelten Völkern zwei Streifen einhängen.
- Apitraz®-Streifen je nach Wabenmaß in unterschiedlicher Länge wählen.

Außentemperatur:

- Während der Behandlung muss das Volk aktiv sein und nicht in der Wintertraube sitzen.

Anwendersicherheit:

- Wirkt in höheren Konzentrationen gesundheitsschädlich, kann zu neurotoxischen Störungen (Erbrechen, Blutdruckabfall etc.) führen.
- Gummihandschuhe tragen, um Hautkontakt zu vermeiden.

Nebenwirkungen:

- Resistenzen können sich entwickeln.

Wartezeit:

- 0 Tage, wenn nicht vor oder nach Tracht behandelt wurde und kein Honigraum aufgesetzt war.

Besonderheiten:

- Zur Entmilbung von Völkern mit und ohne gedeckelte Brut geeignet.
- Die Wirkung ist in Völkern mit wenig Brut höher.
- Streifen haben nur in flugaktiven Völkern eine ausreichende Wirkung.
- Darf nach EU-Öko-Verordnung nicht in Bio-Betrieben eingesetzt werden.

Die Anwendungsvorschrift des Herstellers beachten!

Apitraz®

Apivar®

Streifen mit Amitraz einhängen: Gummihandschuhe tragen, um Hautkontakt zu vermeiden.

So wird's gemacht

Vorbereitung:

- Offenen Boden schließen und mit Ölwindel versehen.
- Flugloch maximal öffnen.

Ablauf:

- Gummihandschuhe anziehen.
- Deckel von Beute abnehmen.
- Den Brutnestbereich anhand der Bienendichte in den Wabengassen bestimmen.

- Maximal zwei Streifen bei normal entwickelten Völkern verwenden.
- Streifen zwischen die Wabengassen hängen, so dass sie von beiden Seiten belaufen werden können.
- Apivar®-Streifen im Bereich des Brutnests einhängen.
- Apitraz®-Streifen zwischen zwei Futterwaben im Brutraum einhängen.
- Alle Streifen bei Apivar® nach sechs und bei Apitraz® nach zehn Wochen entfernen.
- Die Wirkstoffe sind fischgiftig und dürfen nicht in Gewässer oder ins Abwasser gelangen.
- Streifen über Schadstoffsammlung oder den Hausmüll entsorgen.
- Die Wirkung des Arzneimittels unbedingt über den Milbenabfall überprüfen, um Resistenzen schnell zu erkennen.

Streifen mit Amitraz einhängen: Streifen nach Vorgaben des Herstellers in die Wabengassen hängen.

STREIFEN MIT SYNTHETISCHEM PYRETHROID VOR FLUGLOCH HÄNGEN

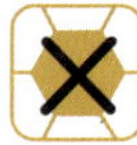

Das gilt allgemein

Wirksubstanz: Fluvalinat ist ein synthetisches Pyrethroid, das nicht in der Natur vorkommt.

Handelspräparat (Land mit Zulassung): PolyVar® Yellow, Bayer Vital AG (A, D).

Zusammensetzung: 275 mg Fluvalinat pro Kunststoff-Streifen.

Vertrieb: Apotheke oder Tierarztpraxis.

Dosierung:

- Einen Streifen pro Volk am Flugloch anbringen.

Rückstände:

- Wirkstoff reichert sich in Propolis und Wachs an.
- Für den Wirkstoff ist kein maximal zulässiger Rückstandswert (MRL) in Honig festgelegt (EU 37/2010).

Außentemperatur:

- Während der Behandlung muss das Volk aktiv sein und nicht in der Wintertraube sitzen.

Anwendersicherheit:

- Wirkt in höheren Konzentrationen gesundheitsschädlich, kann zu neurotoxischen Störungen (Schwindel, Sehstörungen etc.) führen.
- Gummihandschuhe tragen, um Hautkontakt zu vermeiden.

Nebenwirkungen:

- Resistenzen entwickeln sich schnell.

Wartezeit:

- 0 Tage, wenn nicht vor oder nach Tracht behandelt wurde und kein Honigraum aufgesetzt war.

Besonderheiten:

- Zur Entmilbung von Völkern mit und ohne gedeckelte Brut geeignet.
- Streifen wirken nur in flugaktiven Völkern.
- Darf nach EU-Öko-Richtlinien nicht in Bio-Betrieben eingesetzt werden.

Die Anwendungsvorschrift des Herstellers beachten!

PolyVar Yellow®

Streifen mit synthetischem Pyrethroid vor Flugloch: Gummihandschuhe tragen, um Hautkontakt zu vermeiden.

So wird's gemacht

Vorbereitung:

- Offenen Boden schließen und mit Ölwindel versehen.
- Flugloch maximal öffnen.

Ablauf:

- Gummihandschuhe anziehen.
- Streifen vor dem Flugloch anbringen, so dass die Bienen nur durch die Löcher im Streifen rein und raus können.
- Die Streifen verbleiben für mindestens neun Wochen bis zum Ende der Flugaktivität, aber nicht länger als vier Monate am Flugloch.
- Die Wirkstoffe sind fischgiftig und dürfen nicht in Gewässer oder ins Abwasser gelangen.
- Streifen über Schadstoffsammlung oder den Hausmüll entsorgen.
- Die Wirkung des Arzneimittels unbedingt über den Milbenabfall überprüfen, um Resistenzen schnell zu erkennen.
- Keinen Honig im selben Jahr nach der Behandlung ernten!

Streifen mit synthetischem Pyrethroid vor Flugloch hängen: Bienen können nur durch die Löcher im Streifen in das Nest gelangen.

Für die erfolgreiche Bekämpfung der Varroa-Virus-Infektion reicht es selten aus, ausschließlich eine der vorgestellten Methoden anzuwenden. Je nach Betriebsweise und Bedingungen am Standort muss man biotechnische mit medikamentösen Verfahren kombinieren und eventuell alle Bienenvölker in einer Region gleichzeitig behandeln. Wenn man besonders stark befallene Völker aussondert und sich bei der Behandlung an der Schadensschwelle orientiert, kann man unter Umständen in Zukunft sogar ganz auf eine Bekämpfung verzichten.

BESONDER-HEITEN BEI DER BEKÄMPFUNG

INTEGRIERTE BEKÄMPFUNG IM LAUFE DES JAHRES

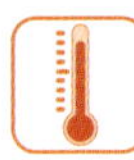

Das gilt allgemein!

- Um die Varroa-Virus-Infektion erfolgreich zu bekämpfen, muss man die Methoden an die eigene Betriebsweise und die Trachtverhältnisse ausrichten.
- Der Ablauf muss an die klimatischen Verhältnisse am Standort und des jeweiligen Jahres angepasst werden.
- Die Entwicklung der Milbenpopulation ist direkt von der Aufzucht von Bienenbrut abhängig.
- Die Völker sollten mit so wenig Milben wie möglich in die neue Saison starten, damit die Schadenschwelle erst nach Trachtende erreicht wird und noch eine Behandlung vor Erreichen der Schadensschwelle möglich ist.
- Im Spätsommer und Herbst, wenn die Winterbienen aufgezogen werden, sollten die Völker möglichst wenige Milben enthalten, da die Milben die Bienen kurzlebig machen und sie sonst noch vor dem Austausch von Winter gegen Sommerbienen im folgenden Frühjahr („Durchlenzung“) eingehen.
- Bei zu später Behandlung werden zwar die Milben getötet, aber die Völker gehen trotzdem an den von den Milben übertragenen oder aktivierten Viren ein.

So wird's gemacht

Ablauf in allen Trachtgebieten

- Im Frühjahr, abhängig vom Milbenbefall, ein oder mehrmals Drohnenbrut entnehmen bzw. bei Naturwabenbau zerstören (DE).
- Während der Schwarmzeit Ableger als Brutableger oder Kunstschwarm bilden, um Völker zu vermehren (BB, BK).
- Die Brutunterbrechung beim Schwärmen bzw. Vorwegnahme des Schwarms nutzen, um den Milbenbefall zu reduzieren (VS).
- Den Befall der Völker spätestens im Hochsommer anhand des natürlichen Milbenabfalls oder des Befalls der Arbeiterinnen ermitteln (NM, VB).

Ablauf in Frühtrachtgebieten (Trachtende nach Frühjahrsblüte)

- Aus Bienenvolk Brutling und Flugling bilden (VE).
- Bei Bedarf im Flugling den Milbenbefall mit einem Arzneimittel oder einer Fangwabe reduzieren (MS, OS).
- Im Brutling die Königin in einem Käfig sperren und im brutfreien Zustand mit einem Arzneimittel mit den Wirkstoffen Oxal- oder Milchsäure behandeln (BU, MS, OS).
- Auf eine Vermehrung der Völker verzichten und Flugling und Brutling wieder vereinigen.
- Wenn notwendig, noch im Hochsommer (meist Juli) die nicht geschwärmten Völker mit einem Arzneimittel mit den Wirkstoffen Ameisensäure oder Thymol behandeln (AD, TV).
- Im Herbst den Milbenbefall erneut ermitteln (NM).
- Je nach Milbenabfall die Völker im Winter mit einem Arzneimittel mit den Wirkstoffen Oxal- oder Milchsäure behandeln (NM, OT, OS, OA, MS).

Ablauf in Spättrachtgebieten (Trachtende nach Fichte/ Tanne/Heide)

- Im Frühjahr Ableger bilden als Ersatz für die wegen der oft erst spät erfolgten Behandlung eingegangenen Wirtschaftsvölker (BB, BK).
- Um eine späte Tracht zu nutzen, Flugling und Brutling oder den Zwischenableger wieder vereinigen (VE, FW).
- Bei einem kritischen Befall bereits im Sommer auf die Tracht verzichten und wie in Frühtrachtgebieten sofort behandeln (AD, TV).
- Wenn notwendig, spätestens noch vor Aufzucht der Winterbienen im Spätsommer (meist August) mit einem Arzneimittel mit den Wirkstoffen Ameisensäure oder Thymol behandeln (AD, TV).
- Je nach Milbenabfall die Völker im Winter mit einem Arzneimittel mit den Wirkstoffen Oxal- oder Milchsäure behandeln (NM, OT, OS, OA, MS).

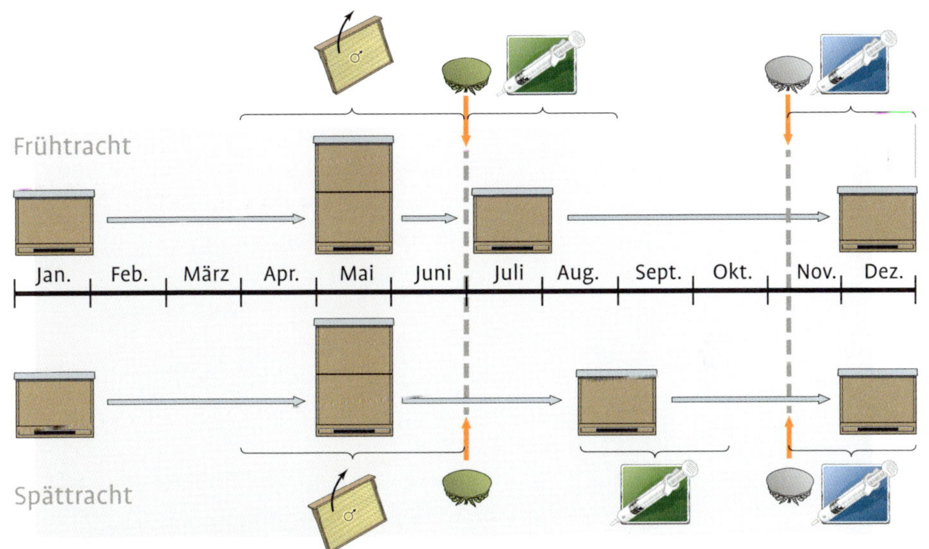

1  Drohnenbrutentnahme

2  Spätsommerbehandlung

3  Winterbehandlung

4  Varroakontrolle im Sommer

5  Varroakontrolle im Winter

Integrierte Bekämpfung: Im Laufe des Jahres biotechnische Verfahren mit der Anwendung von Arzneimitteln je nach Trachtsituation kombinieren. Besonders in Spättrachtgebieten im Frühjahr Drohnenbrut entnehmen, um den Milbenbefall noch vor dem Sommer zu senken. Mit Ablegern Ersatz für eventuell später eingehende Völker schaffen und damit gleichzeitig in den Stammvölkern den Milbenbefall senken. In Frühtrachtgebieten (oben) die Behandlung mit einem Arzneimittel so früh wie möglich nach der Ernte durchführen. In Spättrachtgebieten (unten) bei hohem Befall eher auf eine Ernte verzichten. In Gebieten mit großer Bienendichte kann selten auf eine Behandlung im Winter verzichtet werden. Über die Notwendigkeit einer Behandlung mit einem Arzneimittel immer aufgrund des Milbenbefalls entscheiden. Unbedingt Alternativen wie z. B. biotechnische Methoden in die Überlegungen aufnehmen und möglichst vorziehen.

NOTBEHANDLUNG

Das gilt allgemein

- Bienenvölker, die wegen eines hohen Varroabefalls oder einer starken Virusinfektion im kritischen Zustand sind, können zu „Varroaschleudern“ werden und andere Völker in der Umgebung mitreißen.
- Stark befallene Völker müssen rechtzeitig erkannt werden, bevor auch die übrigen Völker am Stand geschädigt werden.
- Je nach Jahreszeit kann man verschiedene Notmaßnahmen durchführen.

So wird's gemacht

- Varroaschleudern das ganze Jahr über anhand des natürlichen Milbenabfalls und anderer Diagnose-Methoden ermitteln (NM, VB, VD, VA).
- Den Völkern sämtliche Brut entnehmen (VE).
- Im Frühjahr stark befallenen Völkern mehrmals Drohnenbrut entnehmen und diese vernichten (DE).
- Im Frühjahr entnommene Arbeiterinnenbrut in einem Brutling, auch Sammelbrutableger, zum Schlüpfen bringen und die Bienen anschließend mit einem Arzneimittel mit den Wirkstoffen Oxal- oder Milchsäure behandeln (VE, OS, MS).
- Im Sommer und Herbst die geschädigte Brut vernichten.
- Für die Überwinterung zu schwache Völker vorher miteinander vereinigen.
- Eher auf eine Tracht verzichten, als Völker zu spät mit einem Arzneimittel behandeln.

Notbehandlung: Sämtliche Arbeiterinnenbrut wird zur Bildung eines Brutlings oder zur vollständigen Brutentnahme entnommen.

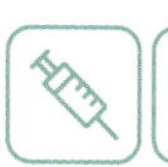

FLÄCHENDECKENDE BEKÄMPFUNG

Das gilt allgemein

- Brechen Bienenvölker wegen der Varroa-Virus-Infektion zusammen, nimmt der Milbendruck in der Umgebung schnell zu.
- Selbst in zuvor behandelten Völkern steigen Milbenzahl und Belastung mit Viren durch die sich verfliegenden oder ausräubernden Bienen so stark an, dass sie ebenfalls an der Varroa-Virus-Infektion eingehen.
- Bei hoher Bienendichte in der Umgebung kommt es bei den Zusammenbrüchen zu einer Kettenreaktion („Dominoeffekt“).

So wird’s gemacht

- Auch die Imkerinnen und Imker in der Umgebung beachten und in die eigenen Planungen einbeziehen.
- Alle Bienenstände in der Umgebung ausfindig machen.
- Das jeweilige Konzept und den Zeitpunkt der Behandlung in Erfahrung bringen.
- Die Nachbarn über mögliche Gefahren aufklären.
- Eventuell eine gemeinsame flächendeckende Bekämpfung organisieren und durchführen.
- Unbehandelte Völker im Flugkreis besonders beobachten und nur bei anhaltend niedrigem Milbenbefall unter der Schadensgrenze weiter auf Bekämpfung verzichten (NM).

Flächendeckende Bekämpfung: Auch einzelne hoch befallene Völker können beim Zusammenbruch andere Völker in der Umgebung in Mitleidenschaft ziehen.

BEHANDELN NACH SCHADENSSCHWELLE

Das gilt allgemein

- Einzelnen Völkern gelingt es, den Befall mit Varroamilben auch ohne Behandlung niedrig zu halten.
- Nicht notwendige Behandlungen mit einem Arzneimittel können Bienenvölker wegen dessen Nebenwirkungen schwächen.
- Anhand des Befalls der einzelnen Völker kann man die Notwendigkeit der Bekämpfung individuell bestimmen.
- Diese Vorgehensweise ist bei der hiesigen Bienendichte der einzig verantwortbare Weg für eine natürliche Selektion mit dem Ziel, Bienenvölker gänzlich unbehandelt zu lassen.

So wird's gemacht

- Ab dem Hochsommer (meist Mitte Juli) bis zum Beginn des Winters alle drei Wochen bzw. mindestens einmal im Monat den natürlichen Milbenabfall ermitteln (NM).
- Bodeneinlagen (Ölwindeln) mindestens drei Tage unter den Bienensitz schieben.
- Bei einem Milbenabfall von mehr als fünf Milben eine geeignete biotechnische Methode anwenden (VE, BW) oder mit einem Arzneimittel mit dem Wirkstoff Ameisensäure behandeln (AD).
- Niedrig befallene Völker eines Standes so wenig wie möglich behandeln und, wenn möglich, auch ganz darauf verzichten.
- Als varroatolerant erkannte Bienenvölker (niedriger Befall auch ohne Behandlung) möglichst isoliert von den anderen aufstellen.

Nach Schadensschwelle behandeln: Den natürlichen Milbenabfall mindestens einmal im Monat kontrollieren, um die Schadensschwelle zu ermitteln.

ÜBERSICHT ARZNEIMITTEL

Brut	Wirkstoff	Zusammensetzung	Name
mit Brut	Ameisensäure	AS 60 %	Ameisensäure 60 % ad us. vet.
			Ameisensäure 60 Bernburg®
			Varroacid 60®
			Formivar 60®
		AS 70 %	Formivar 70®
		AS 85 %	Formivar 85®
			AMO-Varroxal®
		AS 68,2 %	Formicpro 68,2 imp. Streifen® (MAQ)
	Thymol	Thy 25 % Gel	Apiguard®
		Thy 15g	Thymovar®
		Thy und andere ätherische Öle	ApiLive VAR®
mit/ohne Brut	Oxalsäure/ Ameisensäure	OS 31,4 mg/ml AS 5 mg/ml	VarroMed®
ohne Brut	Milchsäure	MS 15 %	Milchsäure 15 % ad us. vet.®
	Oxalsäure	OS 41 mg/ml	Oxuvar 5,7 %®
		OS 40 mg/ml	Oxalsäuredihydrat Bernburg 40®
		OS 40 mg/ml	Oxuvar® (3,5 %)
		OS 40 mg/ml	Oxalsäuredihydrat 3,5 % ad us. vet.
		OS 100 % Kristalle	Api Bioxal ad us. vet.®
			Varroxal ad us. vet.®
		OS 28 mg/ml und andere ätherische Öle	Oxybee® und Danys Bienenwohl®
mit Brut	Synthetische Pyrethroide)*	Flumethrin	Bayvarol®
			Polyvar Yellow®
	Amitraz)*	Amitraz	Apivar®
			Apitraz®
	Phosphors.-Ester)*	Coumaphos	CheckMite®

Anwenderschutz: Stufe 1: Schutzhandschuhe, Hautkontakt vermeiden; Stufe 2: Zusätzlich zu St.1) Schutzbrille, säurefeste Handschuhe und Schürze (Wasser für den Notfall); Stufe 3: (zusätzlich zu Stufe 2) Einatmen vermeiden, Schutzmaske FFP2 verwenden (Stufe 3* = FPP3)

Hersteller	Land	Art[**]	Schutz	Form	Dauer	Code
Standardzulassung	D	frei	St 1	Dunsten	lang	AD
Serumwerke Bernburg	D	frei	St1	Dunsten	lang/ kurz	
WDT	D	frei	St 2	Dunsten	lang	
BioVet	A, CH, D	frei	St 2	Dunsten	lang	
BioVet	CH		St 2	Dunsten	lang	
BioVet	A, CH	Rp.TN	St 2	Dunsten	lang	
Resch	A	Rp.TN	St 2	Dunsten	lang	
BioVet	CH, D	frei	St 2	Dunsten	lang	
VIta	A, D	frei	St 1	Verdampfen	lang	TV
BioVet	A, Ch, D	frei	St 1	Verdampfen	lang	
Laif	A, Ch, D	frei	St 1	Verdampfen	lang	
BioVital	A, D	Ap.	St 2	Träufeln	kurz	OA
Serumwerk Bernburg	A, CH, D	frei	St 3	Sprühen	kurz	MS
BioVet	A, CH, D	frei	St 2/3	Träufeln/ Sprühen	kurz	OT/OS
Serumwerk Bernburg	D	frei	St 2	Träufeln/ Sprühen	kurz	
BioVet	A, CH, D	frei	St 2	Träufeln	kurz	OT
Serumwerk Bernburg	D	frei	St 2	Träufeln	kurz	
Laif	A, CH	frei	St 3+	Verdampfen	kurz	
BioVet	CH	frei	St 3+	Verdampfen	kurz	
Dany Bienenwohl	A, CH, D	frei	St 2	Träufeln	kurz	
Bayer Vital	CH, D	Ap.	St 1	Einhängen	lang	FS
Bayer Vital	A, D	Ap.	St 1	Anbringen	lang	
Veto	A, D	Rp.	St 1	Einhängen	lang	ES
Calier	A, D	Rp.	St 1	Einhängen	lang	
Bayer Vital	Ch	Rp.	St 1	Einhängen	lang	

)*Synthetische Wirkstoffe sind gemäß EU Ökoverordnung in der Bio-Imkerei nicht zugelassen.
)**Medikamentenstatus in Deutschland: Frei = frei verkäuflich, Ap. = Apothekenpflichtig und Eintrag ins Bestandsbuch Rp. = Rezeptpflichtig und Eintrag ins Bestandsbuch durch Tierarzt, TN = Kaskadenregelung nur bei Therapienotstand.

BEKÄMPFUNG NACH JAHRESZEITEN

Jahreszeit	Arzneimittel									Beginn im vieljährigen Durchschnitt
	Synthetische Wirkstoffe		Natürliche Wirkstoffe							
	Streifen einhängen	Streifen am Flugloch	Oxalsäuroe träufeln	Oxalsäure dampfen	Oxalsäure sprühen	Oxal- Ameisensäure träufeln	Milchsäure sprühen	Thymol verdampfen	Ameisensäure dampfen	
	ES	FS	OT	OV	OS	OA	MS	TV	AD	
Vorfrühling										Mitte. Feb.
Erstfrühling										Ende März
Vollfrühling										Ende April
Frühsommer										Ende Mai
Hochsommer										Mitte Juni
Spätsommer										Anf. Aug.
Frühherbst										Ende Aug.
Vollherbst										Ende Sept.
Spätherbst										Mitte Okt.
Winter										Anfang Nov.

)* Jahreszeiten aus Wolfgang Ritter, Ute Schneider-Ritter, „Das Bienenjahr: Imkern in den 10 Jahreszeiten der Natur", Ulmer, 2020

	Biotechnische Methoden										
	Milben eliminieren				Milben reduzieren				Wärmebehandlung		
	Kunstschwarm bilden	Brutling/Vollständig Brut entnehmen	Fangwaben im Zwischenableger	Bannwabenverfahren	Schwarm vorwegnehmen	Brut unterbrechen	Brutableger bilden	Drohnenbrut entnehmen	Volk mit Wärme behandeln	Brut mit Wärme behandeln	
Jahreszeit	BK	VE	FW	BW	VS	BU	BB	DE	WV	WB	Beginn im vieljährigen Durchschnitt
Vorfrühling											Mitte Feb.
Erstfrühling											Ende März
Vollfrühling											Ende April
Frühsommer											Ende Mai
Hochsommer											Mitte Juni
Spätsommer											Anf. Aug.
Frühherbst											Ende Aug.
Vollherbst											Ende Sept.
Spätherbst											Mitte Okt.
Winter											Anfang Nov.

)* Jahreszeiten aus Wolfgang Ritter, Ute Schneider-Ritter, „Das Bienenjahr: Imkern in den 10 Jahreszeiten der Natur", Ulmer, 2020

BEKÄMPFUNG NACH ZEITABSCHNITTEN IN DER IMKEREI

Zeitabschnitt in Imkerei	Ergebnisse der Diagnose)*	Arzneimittel								
		Synthetische Wirkstoffe		Natürliche Wirkstoffe						
		Streifen einhängen	Streifen am Flugloch	Oxalsäure träufeln	Oxalsäure verdampfen	Oxalsäure sprühen	Oxal- Ameisensäure träufeln	Milchsäure sprühen	Thymol verdampfen	Ameisensäure dampfen
		ES	FS	OT	OV	OS	OA	MS	TV	AD
Vor der Honigernte	🔴									
	🟡									
	🟢									
Nach der Honigernte	🔴	■	■		■	■	░	░	■	■
	🟡	■	■		■	■	■	░	■	■
	🟢	░	░		░	░	░	■	░	░
Winter	🔴			■	■	■	■	░		
	🟡			■	■	■	■	■		
	🟢			░	░	░	░	■		

)* siehe Tabelle im Umschlag

■ Empfohlen: Brutzustand und Temperatur berücksichtigen!

Biotechnische Methoden									
Milben eliminieren				Milben reduzieren				Wärmebehandlung	
Kunstschwarm bilden	Vollständig Brut entnehmen	Fangwaben im Zwischenableger	Bannwabenverfahren	Schwarm vorwegnehmen	Brut unterbrechen	Brutableger bilden	Drohnenbrut entnehmen	Volk mit Wärme behandeln	Brut mit Wärme behandeln
BK	VE	FW	BW	VS	BU	BB	DE	WV	WB

Möglich: Brutzustand und Temperatur berücksichtigen.

ÜBER DEN AUTOR

Dr. Wolfgang Ritter ist ein weltweit anerkannter Experte für Bienengesundheit und setzt seit Jahren Maßstäbe in der natürlichen Gesunderhaltung von Honigbienen. Mehrere Jahrzehnte war er Experte und Leiter des Referenzlabors für Deutschland und der Weltorganisation für Tiergesundheit (OIE/Paris). Im Laufe von über 35 Jahren bildete er zahlreiche Bienensachverständige und Tierärzt*innen aus und fort. Als Präsident der wissenschaftlichen Kommission für Bienengesundheit des Weltbienenzuchtverbandes (Apimondia/Rom) beriet er über mehrere Jahrzehnte hinweg Regierungen, Organisationen und Bienenzüchter*innen weltweit zu den Themen Bienengesundheit und nachhaltige Arbeitsweisen. Darüber hinaus ist er Autor zahlreicher wissenschaftlicher Publikationen und mehrerer Bücher zum Thema Bienengesundheit und ökologische Bienenhaltung. Seit mehr als 40 Jahren imkert er zusammen mit seiner Frau Ute, die hier im Buch vor allem die bildliche Gestaltung übernahm.

WEITERE BÜCHER DES AUTORS ZUM VERTIEFEN

Ritter, W.: Bienenkrankheiten, Ulmer, Stuttgart 2023 (Sept.)

Ritter, W.: Bienen gesund erhalten, Ulmer, Stuttgart 2021

Ritter, W. und Schneider-Ritter, U.: Das Bienenjahr. Imkern nach den 10 Jahreszeiten der Natur. Ulmer, Stuttgart 2020

Ritter, W.: Gute imkerliche Praxis. Ulmer, Stuttgart 2016

Ritter, W.: Bienen naturgemäß halten. Ulmer, Stuttgart 2014

Ritter, W. (Editor): Beehealth and veterinarians. OIE-Verlag, Paris 2014

BILDQUELLEN

Das Titelfoto und alle Fotos bis auf die folgenden stammen von Ute Schneider-Ritter.

Wolfgang Ritter: S. 8, 9, 91

Die Grafiken stammen von Helmuth Flubacher nach Vorlagen des Autors. Die Icons stammen von Antje Warnecke (Diagnose, Bienenkrankheiten, Brutkrankheiten, Krankheiten vorbeugen, Biotechnische Methoden, Arzneimittel, Virosen, Schädlinge, Vergiftungen) und Susanne Junker.

Die in diesem Buch enthaltenen Empfehlungen und Angaben sind vom Autor mit größter Sorgfalt zusammengestellt und geprüft worden. Eine Garantie für die Richtigkeit der Angaben kann aber nicht gegeben werden. Autor und Verlag übernehmen keine Haftung für Schäden und Unfälle. Bitte setzen Sie bei der Anwendung der in diesem Buch enthaltenen Empfehlungen Ihr persönliches Urteilsvermögen ein.
Der Verlag Eugen Ulmer ist nicht verantwortlich für die Inhalte der im Buch genannten Websites.

IMPRESSUM

Bibliografische Information der Deutschen Nationalbibliothek
Die Deutsche Nationalbibliothek verzeichnet diese Publikation in der Deutschen Nationalbibliografie; detaillierte bibliografische Daten sind im Internet über http://dnb.d-nb.de abrufbar.

Wollgrasweg 41, 70599 Stuttgart (Hohenheim)
E-Mail: info@ulmer.de
Internet: www.ulmer.de
Projektleitung: Antje Munk
Lektorat: Annette Flesch
Herstellung: Katharina Merz, Stephanie Haun
Musterlayout: Antje Warnecke, nordendesign.de
U1-Gestaltung: Marion Schreiber, www.marionschreiber.de
U4 + Klappen-Gestaltung: Anette Vogt, www.redsign.de, Stuttgart
Satz: Fotosatz Buck, Kumhausen
Reproduktion: time:ray, Jettingen
Druck und Bindung: Livonia Print, Riga
Printed in Latvia

ISBN 978-3-8186-1768-4

IOLOGISCHE ARROAMILBENFANGWABE

Durchschnittlicher täglicher Milbenabfall

Vergleich des täglichen Milbenabfalls im Herbst bei Völkern wo das JENTER Varroa STOP verwendet wurde bzw. die Völker lediglich mit chemischen Präparaten behandelt wurden.

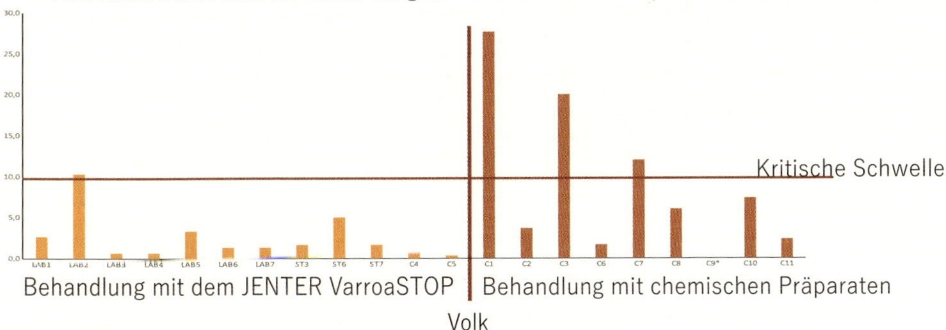

heoretischer Hintergrund des JENTER VarroaSTOP

as Verfahren basiert auf dem Prinzip der Bannwabe, kombiniert mit einem Brutstop. Die önigin ist im Käfig auf ein Brutareal mit 314 Zellen beschränkt. Ammenbienen und Varroamilbe önnen von beiden Wabenseiten in den Käfig gelangen. Varroamilben nutzen dieses Zellareal s letzte Möglichkeit zur Vermehrung, wogegen im ehemaligen Brutnest allmählich eine brutlose hase erreicht wird. Sobald das Zellareal im Käfig verdeckelt ist, wird die Rückwand abgenommen d gegen eine neue Rückwand getauscht. Jede Wiederholung dieser Maßnahme dezimiert Milbenpopulation im Volk. Sobald das Bienenvolk komplett brutfrei ist, kann die Königin eder freigelassen werden. Um dies zu erreichen, sind mindestens zwei Brutzyklen notwendig. e effiziente Restentmilbung, ein Königinnentausch oder ein Wabentausch wären jetzt möglich. tengünstig, da einmalige Anschaffung.

MADE IN GERMANY

Karl Jenter GmbH
Steinbeisstraße 5
D - 72636 Frickenhausen

Tel. +49 (0)7022 39880
E-Mail: info@karl-jenter.eu

WWW.KARL-JENTER.EU